ZOOLOGIA

Pollyana Patricio-Costa

Conselho editorial
- Dr. Ivo José Both (presidente)
- Dr. Alexandre Coutinho Pagliarini
- Drª Elena Godoy
- Dr. Neri dos Santos
- Dr. Ulf Gregor Baranow

Editora-chefe
- Lindsay Azambuja

Gerente editorial
- Ariadne Nunes Wenger

Assistente editorial
- Daniela Viroli Pereira Pinto

Preparação de originais
- Fabrícia E. de Souza

Edição de texto
- Monique Francis Fagundes Gonçalves
- Palavra do Editor

Capa
- Iná Trigo (*design*)
- Morphart Creation/Shutterstock (imagem)

Projeto gráfico
- Iná Trigo

Diagramação
- Kátia P. Irokawa

Equipe de *design*
- Débora Gipiela
- Iná Trigo

Iconografia
- Sandra Lopis da Silveira
- Regina Claudia Cruz Prestes

Rua Clara Vendramin, 58 | Mossunguê
CEP 81200-170 | Curitiba | PR | Brasil
Fone: (41) 2106-4170
www.intersaberes.com
editora@intersaberes.com

1ª edição, 2021.
Foi feito o depósito legal.
Informamos que é de inteira responsabilidade da autora a emissão de conceitos.
Nenhuma parte desta publicação poderá ser reproduzida por qualquer meio ou forma sem a prévia autorização da Editora InterSaberes.
A violação dos direitos autorais é crime estabelecido na Lei n. 9.610/1998 e punido pelo art. 184 do Código Penal.

Dados Internacionais de Catalogação na Publicação (CIP)
(Câmara Brasileira do Livro, SP, Brasil)

Patricio-Costa, Pollyana
  Zoologia/Pollyana Patricio-Costa. Curitiba: InterSaberes, 2021. (Série Biologia em Foco)

  Bibliografia.
  ISBN 978-65-89818-41-0

  1. Animais 2. Zoologia I. Título. II. Série.

21-63233   CDD-591

Índices para catálogo sistemático:
1. Animais: Zoologia   591
2. Zoologia   591

Cibele Maria Dias – Bibliotecária – CRB-8/9427

SUMÁRIO

8   Prefácio
10   Apresentação
12   Como aproveitar ao máximo este livro
16   Introdução

Capítulo 1
17 Introdução à zoologia
19   1.1 Classificação biológica
24   1.2 Nomenclatura zoológica
26   1.3 Diversidade taxonômica
28   1.4 Noções básicas de sistemática filogenética
30   1.5 Caracterização morfológica
37   1.6 Os primeiros seres vivos
38   1.7 Os protozoários

Capítulo 2
52 Invertebrados I
54   2.1 Poríferos
59   2.2 Cnidários
68   2.3 Platelmintos
75   2.4 Nematódeos
78   2.5 Moluscos

Capítulo 3
93 Invertebrados II
- 95   3.1 Anelídeos
- 102   3.2 Artrópodes
- 126   3.3 Equinodermos

Capítulo 4
140 Cordados I
- 142   4.1 Cordados basais
- 148   4.2 Peixes feiticeiras e lampreias
- 153   4.3 Peixes cartilaginosos
- 157   4.4 Peixes ósseos
- 161   4.5 Anfíbios

Capítulo 5
174 Cordados II
- 176   5.1 Répteis
- 184   5.2 Aves
- 189   5.3 Mamíferos
- 200   5.4 A espécie humana

Capítulo 6
212 Aspectos ecológicos, ambientais, científicos e de saúde pública relacionados à diversidade biológica
- 214   6.1 As doenças negligenciadas causadas por protozoários
- 216   6.2 Relações dos animais com a saúde pública e a medicina

222	6.3 Relações dos animais com a agricultura e o meio ambiente
223	6.4 Espécies animais exóticas introduzidas e seus efeitos para o meio ambiente
224	6.5 As coleções zoológicas para fins científicos e didáticos
225	6.6 Metodologia de estudo dos animais
233	Considerações finais
235	Glossário
242	Referências
251	Bibliografia comentada
256	Anexo
257	Respostas
259	Sobre a autora

DEDICATÓRIA

Dedico este livro à educação e à ciência e às suas buscas incansáveis de transformar o mundo.

À Doutora Renata A. Garbossa Silva e à Mestre em Ciências Nicole G. P. M. Witt pelo convite e pela confiança na minha visão sobre o mundo dos animais.

A todos os professores, professoras, colegas, amigas e amigos que fizeram parte da história evolutiva e científica da minha vida na Terra.

EPÍGRAFE

Nada faz sentido em Biologia
exceto sob a luz da Evolução.

Theodosius Dobzhansky, 1973

PREFÁCIO

A zoologia costuma ser uma das disciplinas de maior popularidade entre estudantes do curso de graduação em Ciências Biológicas. Isso porque o interesse em trabalhar com animais é o que motiva muitos para a escolha desse curso. Essa mesma motivação, muitos anos atrás, também encorajou naturalistas a realizar desafiadoras expedições ao redor do globo para desvendar a diversidade animal existente. Atualmente, o fascínio pelos animais continua impulsionando pesquisadores na descoberta e na descrição dos padrões e dos processos geradores da exuberante diversidade zoológica.

Agora, chegou o seu momento de conhecer com profundidade o deslumbrante mundo da zoologia. Com linguagem acessível e analogias que facilitam o aprendizado, este livro foi concebido para sumarizar os principais conteúdos da área sem perder o aprofundamento científico. Ao longo destas páginas, você será levado por uma viagem de milhares de anos de evolução que culminou no surgimento de diferentes grupos zoológicos, de Parazoa a Vertebrata. Você terá a oportunidade de desvendar as relações evolutivas entre os grupos, assim como de compreender aspectos ecológicos e morfológicos das espécies animais e conferir as aplicações na agricultura e na saúde pública. Além disso, encontrará dicas atualizadas de artigos científicos, livros, filmes e séries que complementam os tópicos abordados em cada capítulo.

Pollyana Patricio-Costa foi minha veterana durante a graduação em Ciências Biológicas na Universidade Federal do Paraná (UFPR), época em que já se destacava por sua paixão e dedicação ao estudo dos morcegos – sem dúvida, até hoje, o seu grupo zoológico favorito. Pollyana iniciou sua trajetória na pós-graduação alguns anos antes de mim e, embora eu tenha cursado a pós-graduação em Ecologia, seus trabalhos científicos foram inspiração para ecólogos. Isso demonstra a inovação e o pioneirismo de seus projetos de pesquisa do curso de pós--graduação em Zoologia da UFPR. Durante o doutorado, visitou diferentes coleções científicas em diversos países e recebeu bolsa-sanduíche para desenvolver sua pesquisa na City University of New York (Estados Unidos), o que reforça a relevância de sua pesquisa na área zoológica.

Atualmente, Pollyana é professora e produtora de conteúdo de biologia para o ensino médio e leva para a sala de aula seu conhecimento técnico, aliado com a paixão pela área da zoologia. Também exerce a profissão de bióloga com o levantamento de fauna em consultorias ambientais. Portanto, como esperado, as habilidades desta versátil professora-pesquisadora estão refletidas na abordagem integrativa desta obra, que vai além da zoologia básica e traz aspectos ecológicos aplicados e atualizados sobre os animais e os protozoários. Sem dúvida, com este livro, você estará muito bem acompanhado. Boa leitura!

Profª Drª Thais Bastos Zanata
Departamento de Botânica e Ecologia
Universidade Federal de Mato Grosso (UFMT)

❛ APRESENTAÇÃO

Neste livro, apresentamos diversos aspectos sobre os animais e os protozoários, no âmbito de uma ciência chamada *zoologia*. Com o aprendizado de ferramentas robustas usadas para classificar protozoários e animais, é possível fazer uma viagem histórica para conhecer as trajetórias seguidas e as estratégias empregadas por esses organismos fascinantes. Aqui, vamos juntos discutir aspectos morfológicos, ecológicos, evolutivos e aplicados da zoologia.

No Capítulo 1, examinaremos métodos e conceitos importantes para o estudo dos protozoários e dos animais, além de caracterizarmos o grupo dos protozoários.

No Capítulo 2, começaremos a tratar da história evolutiva dos animais. Veremos os grupos que surgiram na base da evolução do Reino Metazoa ou Animalia: poríferos, cnidários, platelmintos, nematódeos e moluscos.

No Capítulo 3, abordaremos animais muito diversos e que apresentaram especializações ao longo da evolução, o que lhes permitiu conquistar novos ambientes, adquirir hábitos alimentares diferentes, entre outros aspectos: anelídeos, artrópodes e equinodermados.

No Capítulo 4, trataremos dos animais popularmente conhecidos como *peixes* e *anfíbios* e, ainda, de outros grupos menos reconhecidos.

No Capítulo 5, analisaremos as adaptações aos ambientes terrestre e aéreo pelos animais conhecidos como *répteis*, *aves* e *mamíferos*. Também versaremos sobre a história evolutiva da espécie humana.

No Capítulo 6, por fim, discorreremos sobre vários temas relacionados ao estudo da zoologia, como ecologia, saúde pública, tecnologia, agroeconomia, coleções científicas e outros.

COMO APROVEITAR AO MÁXIMO ESTE LIVRO

Empregamos nesta obra recursos que visam enriquecer seu aprendizado, facilitar a compreensão dos conteúdos e tornar a leitura mais dinâmica. Conheça a seguir cada uma dessas ferramentas e saiba como estão distribuídas no decorrer deste livro para bem aproveitá-las.

❛ Introdução do capítulo

Logo na abertura do capítulo, informamos os temas de estudo e os objetivos de aprendizagem que serão nele abrangidos, fazendo considerações preliminares sobre as temáticas em foco.

⁶ **Curiosidade**

Nestes boxes, apresentamos informações complementares e interessantes relacionadas aos assuntos expostos no capítulo.

⁶ **Síntese**

Ao final de cada capítulo, relacionamos as principais informações nele abordadas a fim de que você avalie as conclusões a que chegou, confirmando-as ou redefinindo-as.

Indicações culturais

Para ampliar seu repertório, indicamos conteúdos de diferentes naturezas que ensejam a reflexão sobre os assuntos estudados e contribuem para seu processo de aprendizagem.

Atividades de autoavaliação

Apresentamos estas questões objetivas para que você verifique o grau de assimilação dos conceitos examinados, motivando-se a progredir em seus estudos.

❛ Atividades de aprendizagem

Aqui apresentamos questões que aproximam conhecimentos teóricos e práticos a fim de que você analise criticamente determinado assunto.

❛ Bibliografia comentada

Nesta seção, comentamos algumas obras de referência para o estudo dos temas examinados ao longo do livro.

INTRODUÇÃO

O estudo da arquitetura corporal, da diversidade biológica, da morfofisiologia e do comportamento dos seres vivos é um fascinante mergulho na biologia das espécies. Praticamente todos esses aspectos se desenvolvem nos organismos por questões evolutivas. Isto é, se um animal compartilha com outro animal determinada característica, provavelmente eles são aparentados em algum grau ou houve convergência evolutiva dessa característica, uma vez que isso se mostrou favorável em dado contexto. Logo, a diversidade biológica atualmente conhecida é um legado histórico das mudanças sofridas pelas espécies ao longo do espaço geográfico e do tempo evolutivo. Isso nos faz cogitar que a teoria da evolução das espécies é atuante em muitos contextos e pode abranger de pequenas mudanças até grandes transformações. A agitação e a curiosidade causadas pela descoberta da grande diversidade biológica resultaram em uma revolução científica e tecnológica advinda dos estudos dos naturalistas e dos cientistas. No entanto, foi somente no século XIX que a riqueza de espécies e as causas da biodiversidade começaram a ser discutidas e, aos poucos, reveladas.

Assim, neste livro trataremos do estudo da zoologia levando em consideração as propostas de reconstrução da história da evolução dos grupos e a avaliação de causas e consequências ambientais relacionadas aos lugares e às épocas em que estiveram inseridos no planeta. Sempre que possível, discutiremos aspectos referentes ao que se conhece dos animais pelo senso comum e os respectivos conceitos definidos em termos científicos e biológicos. Frequentemente, os significados admitidos nesses dois contextos divergem.

CAPÍTULO 1

INTRODUÇÃO À ZOOLOGIA,

Recorde-se da última vez que você foi a um supermercado ou a uma loja de conveniência. Tente mensurar a dificuldade que seria achar uma embalagem de café em pó se não houvesse quaisquer critérios de organização nesse estabelecimento, isto é, se todos os itens estivessem aleatoriamente alocados em diferentes pontos do supermercado. De forma semelhante, tente se imaginar sozinho ou sozinha em uma floresta e supor que você deverá agrupar os organismos de acordo com critérios de sua escolha. Lembre-se de que organismos microscópicos também poderão estar presentes ali e, portanto, nesse ambiente haverá organismos que você será capaz de enxergar e outros que não poderão ser vistos a olho nu.

Nos dois exemplos sugeridos, conseguimos compreender a dificuldade que seria vivermos, principalmente em sociedade, se não nomeássemos e/ou agrupássemos praticamente tudo o que vemos. Tamanho, cor, capacidade de locomoção e tipo de alimentação talvez sejam os critérios mais intuitivos segundo os quais as pessoas fariam esse exercício mental de separar os organismos em grupos. E, certamente, não haveria um consenso quanto a essas classificações.

Neste capítulo, veremos alguns conceitos e metodologias amplamente utilizados para o estudo dos animais. Além disso, trataremos dos primeiros organismos vivos e de microrganismos surgidos ainda no início da evolução da vida na Terra, os protozoários.

1.1 Classificação biológica

Durante séculos, os seres humanos vêm agrupando a **biodiversidade** ou diversidade biológica segundo características morfológicas, comportamentais e, mais recentemente, genéticas compartilhadas, isto é, vêm agrupando pela semelhança. No entanto, para que houvesse maior clareza e consenso entre os cientistas, era preciso uniformizar e padronizar a linguagem que seria adotada, mesmo em diferentes partes do mundo.

Com os avanços científicos e tecnológicos (de microscopia e de genética molecular principalmente), a ciência passou a levar em conta as relações evolutivas dos grupos conforme os graus de parentesco entre eles. Logo, tornou-se capaz de cunhar uma história evolutiva dos grupos com base em uma trajetória da evolução biológica, ou seja, da **evolução das espécies**, proposta principalmente por Charles Darwin (1809-1882), autor da teoria da seleção natural das espécies, publicada no célebre livro *A origem das espécies*, no século XIX. A ideia da evolução das espécies é um conceito muito abrangente, complexo, importante e estimulante do ponto de vista intelectual (Ridley, 2006, p. 5). Contudo, por não fazer parte do escopo central deste livro a abordagem dos conceitos e das metodologias de biologia evolutiva, vamos tratar de evolução de uma forma mais direta, como **mudança**. Entretanto, essa "evolução biológica ou orgânica não significa caminhar e mudar sob saudáveis e benéficos adjetivos" (Futuyma, 1992, p. 7), mas apenas uma mudança ou transformação que pode ser benéfica, neutra ou prejudicial.

Figura 1.1 – Ilustração do rosto do naturalista inglês Charles Darwin

Figura 1.2 – Manuscrito de Darwin de uma proposta da evolução dos grupos de seres vivos, com desenho semelhante ao de uma árvore

Como mencionamos anteriormente, o princípio básico da classificação dos seres vivos é baseado em semelhanças, ou seja, agrupam-se os organismos vivos mais parecidos entre si. Desde a Antiguidade, já se usava uma classificação intuitiva para tratar da diversidade biológica, tanto que, em meados de 300 a.C., Aristóteles dividiu os seres vivos em *plantas* e *animais* (Freire-Maia, 1988). Com a descoberta de novas formas de vida, principalmente a partir do período das Grandes Navegações, dividir a biodiversidade apenas em plantas e animais passou a ser insuficiente. Para tentar padronizar a classificação biológica, o naturalista sueco Carl von Linné (1707-1778), conhecido com Linnaeus, desenvolveu metodologias para classificar, ordenar e nomear de forma mais eficiente a biodiversidade, o que contribuiu com a sistemática e a taxonomia e o fez ser considerado o **pai da taxonomia**.

Figura 1.3 – Estátua de Linnaeus no Jardim Botânico da Suécia

Algumas contribuições de Linnaeus foram:

- propôs o latim como língua padrão para a classificação biológica;
- criou hierarquias taxonômicas para os grupos – identificou a espécie como a base da hierarquia e o reino como a hierarquia mais abrangente;
- estabeleceu a nomenclatura binominal para a espécie;
- organizou os seres vivos inicialmente em Reino Animalia e Reino Plantae.

Baseado na hierarquia proposta por Linnaeus, o **sistema moderno de classificação biológica** assume pelo menos sete hierarquias principais. Nesse sistema, a categoria taxonômica **reino** é o táxon mais abrangente, pois engloba hierarquicamente todos os outros principais *taxa* inferiores: **filo, classe, ordem, família, gênero** e **espécie**.

Cabe observar que o plural do termo latino *taxon* (em português, *táxon*) é *taxa* (em português, *táxons*).

Figura 1.4 – Hierarquia taxonômica utilizada para a classificação biológica: (A) classificação taxonômica do mico-leão-dourado (*Leontopithecus rosalia*); (B) principais categorias taxonômicas

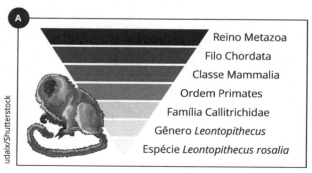

(continua)

22

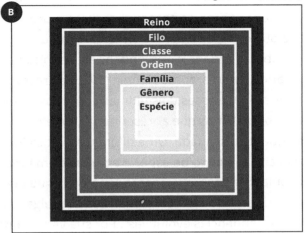

(Figura 1.4 – conclusão)

    O **conceito de espécie** não é universalmente aceito, isto é, a escolha de um "conceito mais certo" ainda não está bem estabelecida pela ciência. Para o biólogo evolucionista Ernst Mayr (1904-2005), "Espécies são agrupamentos de populações naturais intercruzantes, reprodutivamente isoladas de outros grupos semelhantes" (Mayr, 1942, citado por Santos, 2021). Logo, segundo esse autor, para definir uma espécie, deve-se observar sua reprodução (**conceito biológico**). Mas existem diversas outras definições para espécie – Mayden (1997) identificou mais de 22 conceitos de espécies diferentes. De forma geral, esses conceitos podem ser baseados em similaridade, em conceitos evolutivos e em conceitos baseados em análises filogenéticas e de ancestralidade comum.

    Simpson (1961) e Wiley (1981) cunharam o **conceito evolutivo** de espécie: "uma linhagem única de populações ancestrais/descendentes que mantém sua identidade de outras linhagens e que possui tendências evolutivas e destino histórico próprios"

(Amorim, 2002, p. 17). Já conforme o **conceito filogenético**, espécie é o menor grupo de organismos diagnosticáveis e distintos de outros agrupamentos em que existe um padrão parental de ancestralidade e descendência – definição proposta por vários autores, como Hennig (1966) e Cracraft (1983). As semelhanças entre esses dois últimos conceitos é que eles contemplam organismos que apresentam tanto a reprodução assexuada quanto a sexuada. Uma diferença prática importante é que o conceito evolutivo de espécie agruparia em uma única espécie populações geograficamente separadas que demonstram alguma divergência genética, mas que são julgadas similares em suas "tendências evolutivas". Por sua vez, o conceito filogenético trataria tais organismos como espécies distintas. Contudo, independentemente do conceito adotado, a evolução é um processo temporal inerente ao sistema biológico; logo, as espécies mudam ao longo do tempo, em uma mudança lenta e gradual (Futuyma, 1992).

1.2 Nomenclatura zoológica

Os grupos hierárquicos de organismos ou *taxa* são nomeados e definidos com base em características compartilhadas. Para facilitar o estudo dos organismos e a troca de informações entre os cientistas, a taxonomia foi criada tratar das normas universais para a classificação dos seres vivos (Freire-Maia, 1988).

Com base no que foi proposto por Linnaeus, a primeira letra de cada categoria taxonômica deve estar grafada em maiúscula. O táxon **espécie** deve ser grafado de forma binominal, com ambos os termos em itálico ou sublinhados; a primeira palavra corresponde ao gênero (com inicial maiúscula) e a segunda, ao epíteto específico (com todas as letras minúsculas). Vejamos um exemplo na Figura 1.5, a seguir: humanos e chimpanzés pertencem à mesma família, ordem, classe, filo e reino, mas apresentam gênero e espécie distintos.

Figura 1.5 – Esquema-padrão para o nome da espécie

Ainda, pode-se usar a abreviatura de espécie (sp.) quando o nome da espécie não pode ser explicitado (porque há dúvidas taxonômicas) ou não interessa fazê-lo (visto que pode referir-se a várias espécies de um mesmo gênero). Quando fazemos referência aos diversos homininíneos que já habitaram a Terra, como *Homo habilis*, *Homo erectus* e *Homo sapiens*, podemos simplificar e citar apenas *Homo* sp. No caso de haver dúvidas, por exemplo, quanto à classificação de um crânio fóssil recém-encontrado, considerando-se que existe a certeza de que pertence ao gênero *Homo*, mas não se consegue a confirmação da espécie, usa-se também o formato *Homo* sp. Por fim, é possível acrescentar, logo após o nome da espécie, o nome do(a) autor(a) e a data na qual propôs o táxon válido ou o transferiu de categoria taxonômica. Por exemplo, podemos grafar a espécie do morcego-vampiro-comum no formato *Desmodus rotundus* (Geoffroy, 1810), pois foi descrita cientificamente pelo naturalista e zoólogo Étienne **Geoffroy** no ano de **1810** (Greenhall; Joermann; Schmidt, 1983).

Talvez você esteja se perguntando como cientistas escolhem os nomes dos grupos ou *taxa* dos animais. Para tanto, existe o Código Internacional de Nomenclatura Zoológica, o qual designa normas e recomendações sobre o processo de dar o nome aos *taxa*, principalmente quanto à grafia, para que seja respeitado o pressuposto da **universalidade científica**. De forma geral, cientistas nomeiam espécies de acordo com o local onde o animal foi descoberto, com alguma característica morfológica peculiar do animal ou em homenagem a outros cientistas.

1.3 Diversidade taxonômica

Na atualidade, a ciência reconhece pelo menos cinco reinos (Whittaker, 1969; Cavalier-Smith, 1998, 2003, 2004): **Animalia** (Metazoa), **Plantae** (Metaphyta), **Monera** (Eubacteria + Archaea), **Protista** (Protozoa) e **Fungi**, em um total de cerca 1,8 milhão de espécies viventes já descritas, ou seja, sem considerar os fósseis. Certamente esse número é subestimado, como indica a Tabela 1.1, a seguir, uma vez que não acessamos a biodiversidade de todos os ambientes, muitas espécies estão sofrendo o processo de especiação e de extinção e o uso da biologia molecular para a sistemática ainda é incipiente para a maioria dos grupos.

Tabela 1.1 – Número de espécies descritas (catalogadas) e previstas (estimadas) nos diferentes tipos de ambiente, por reino

Reino	Terrestres ou voadores		Oceanos	
	Catalogado	Previsto	Catalogado	Previsto
Animalia/Metazoa	953.434	7.770.000	171.082	2.150.000
Fungi	43.271	611.000	1.097	5.320
Plantae	215.644	298.000	8.600	16.600
Protista	8.118	36.400	193.756	2.210.000
Monera	10.860	10.100	653	1.320

Fonte: Mora et al., 2011, p. 5, tradução nossa.

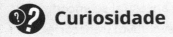 **Curiosidade**

Mesmo diante do esforço de cientistas e naturalistas durante séculos, sabemos que o número de espécies descritas é subestimado. No entanto, mais urgente do que tentar penetrar nos mais remotos e inacessíveis lugares do planeta é promover a união dos cientistas e da comunidade em geral para tentar resolver outro problema: a perda acelerada da biodiversidade da Terra (Balmford; Green; Jenkins, 2003). Ao longo da história evolutiva de nosso planeta, já foram registrados pelo menos cinco períodos de extinção de um grande número de espécies. Porém, no caso atual, a diminuição da biodiversidade tem sido consequência direta e indireta da ação do ser humano no planeta.

1.4 Noções básicas de sistemática filogenética

Paulatinamente, as metodologias inicialmente propostas por Linnaeus para lidar com a classificação biológica estão sendo aperfeiçoadas. Em 1866, o cientista alemão Ernst Haeckel (1834-1919) desenvolveu uma metodologia para propor hipóteses sobre a história evolutiva dos organismos utilizando a analogia de uma árvore (Olsson; Levit; Hofeld, 2017). Em meados de 1960, Willi Hennig (1913-1976) complementou essa ideia de árvore com conceitos e metodologias que levam em consideração, principalmente, a história evolutiva dos grupos, criando a **sistemática filogenética** (Amorim, 2002; Matioli; Fernandes, 2012). Nessa árvore hipotética, o grupo ancestral se encontra na base e, à medida que o tempo (tempo evolutivo) transcorre, vão se originando os demais grupos localizados no ápice, como as folhas de uma árvore. Logo, o diagrama que representa a história evolutiva e apresenta o fator tempo é chamado de **filogenia** ou **árvore filogenética** (*filo* = ramo; *genia* = origem). Quando o diagrama apenas leva em conta as semelhanças entre os grupos e a história evolutiva, desconsiderando o tempo, é chamado de **cladograma**.

Além disso, denominamos **grupos naturais** aqueles agrupamentos que não contemplam qualquer atividade/intervenção humana, ou seja, implicam apenas a relação entre os animais e a natureza. Os grupos naturais são **monofiléticos** (*mono* = um, único; *filo* = ramo), ou seja, são grupos cujas espécies tiveram uma origem comum. Portanto, grupo monofilético é aquele que inclui o ancestral comum mais recente do grupo e todos os descendentes desse ancestral. Em contrapartida, os grupos **polifiléticos** (*poli* = vários) e **parafiléticos** (*para* = ao lado) são agrupamentos artificiais, isto é, sem origem compartilhada única. Convencionalmente, usam-se aspas para grafar o nome da categoria taxonômica considerada artificial.

Assim como em uma árvore, os caminhos percorridos da raiz da árvore filogenética até as folhas são chamados de **ramos** ou **clados**. A raiz corresponde ao **grupo ancestral**, e o **nó** é o ponto onde os ramos começam a divergir. O caminho percorrido – ramo – mais aproximado entre dois ou mais grupos demonstra que estes apresentam um grande número de caracteres compartilhados (ex.: aspectos anatômicos, fisiológicos, comportamentais, moleculares). Por sua vez, agrupamentos mais distantes tendem a ter menos dessas semelhanças. Desse modo, grupos que partem de um mesmo nó são chamados de **grupos--irmãos** e são mais próximos evolutivamente entre si quando comparados com os grupos que partem de nós diferentes. Por fim, é comum expressar no diagrama (filogenia ou cladograma) as características principais dos clados e/ou as **novidades evolutivas** que surgiram ao longo da história evolutiva do grupo.

A seguir, na Figura 1.6, vemos duas formas de diagramas empregados para demonstrar a história evolutiva e o grau de parentesco dos grupos ou *taxa* (A, B, C, D e E). O número 1 representa uma novidade evolutiva e/ou uma característica importante comum para o ramo representado.

Figura 1.6 – Exemplos de cladograma

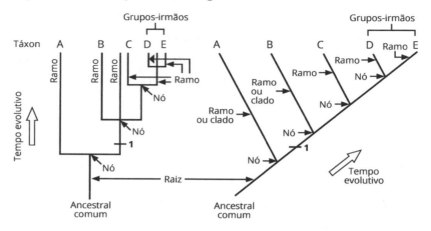

1.5 Caracterização morfológica

A diversidade morfológica entre os organismos é enorme. Tamanho, coloração e muitas peculiaridades relacionadas ao meio em que vivem são apenas algumas características que podemos rapidamente citar quando olhamos para a forma de um animal, ou sua morfologia. Nesta seção, vamos tratar das características gerais dos organismos estudados tradicionalmente pela zoologia, isto é, principalmente os caracteres de animais. Ao final do capítulo, abordaremos as características gerais específicas dos protozoários.

Quanto aos aspectos ecológicos de animais e/ou protozoários

Tanto animais quanto protozoários podem apresentar diferentes **hábitos de vida**, ou seja, podem ser de vida livre, simbiontes, parasitas, entre outros. Com relação à fase imatura e/ou à fase adulta, chamamos de *habitat* o local onde geralmente esses organismos vivem. O *habitat* pode ser aquático (marinho ou dulcícola), terrestre, aéreo e, até mesmo, dentro de outros organismos (parasita ou simbionte), entre outros. Quanto à capacidade de locomoção, os organismos podem ser **sésseis** (fixos a um substrato) ou **vágeis** (móveis, capazes de se deslocar no ambiente). Ainda, podem viver de modo **solitário** ou **gregário** (em conjunto com outros indivíduos, geralmente da mesma espécie).

Quanto à arquitetura corporal dos animais

A maioria dos animais apresenta um padrão de arquitetura corporal ou forma geral geométrica. Para avaliarmos se um animal tem ou não padrão de forma, devemos imaginar um plano/eixo que o atravesse, em um corte imaginário que passe pelo centro do corpo. Quando não há um padrão geral de planos/eixos, existe **assimetria** (*a* = não; *symmetría* = justa proporção). Já quando a **simetria** está presente (Figura 1.7), pode ser radial ou bilateral, principalmente (Figura 1.8). Na **simetria radial**, há vários ou até mesmo inúmeros planos básicos corporais que podem resultar desse corte imaginário central. Em contrapartida, a **simetria bilateral** ocorre em animais cujo corte imaginário central, se no eixo sagital, é capaz de dividir o corpo do animal em lados esquerdo e direito predominantemente iguais.

Figura 1.7 – Padrão corporal (simetria) dos animais

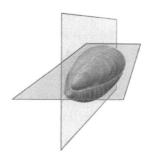

Figura 1.8 – Simetria radial e bilateral

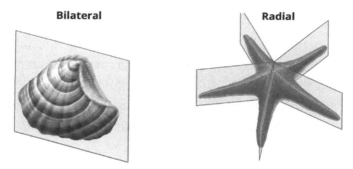

Na maioria dos animais, estruturas microscópicas e macroscópicas permitem, principalmente, a sustentação do corpo do animal. Ao conjunto dessas estruturas chamamos de **esqueleto**. Além da composição química, o esqueleto dos animais pode estar localizado internamente (**endoesqueleto**) ou externamente (**exoesqueleto**).

Quanto aos aspectos embriológicos e reprodutivos dos animais

A ciência conhece diferentes padrões embriológicos e de reprodução em animais. Quando a forma de multiplicação de um organismo apresenta troca de material genético durante a fecundação, o processo é chamado de **reprodução sexuada**. Após a fecundação do óvulo (n) por, geralmente, um espermatozoide (n), forma-se como resultado uma célula diploide (2n) denominada *ovo* ou *zigoto*. Quando não há essa troca de material genético, o processo é denominado **reprodução assexuada**, a qual resulta em organismos geneticamente iguais ao organismo que lhes deu origem. Alguns animais podem apresentar tanto reprodução sexuada quanto assexuada, dependendo da fase do ciclo de vida em que se encontram, o que se constitui em uma estratégia reprodutiva conhecida como **alternância de gerações** ou **metagênese**.

Já a fecundação pode ocorrer no interior do corpo do organismo que produz os óvulos (**fecundação interna**) ou fora, no ambiente externo (**fecundação externa**). De maneira geral, a fecundação interna permite maior sucesso na fusão dos gametas masculinos e femininos em comparação à fecundação externa. Na maioria dos animais, óvulos e espermatozoides são produzidos em indivíduos diferentes, o que define os sexos feminino e masculino, respectivamente. Logo, tais animais são chamados de **dioicos**, uma vez que apresentam os sexos separados, havendo ou não **dimorfismo sexual** (fácil distinção visual externa entre machos e fêmeas). Porém, gametas masculinos e femininos podem ser produzidos pelo mesmo indivíduo, o qual é chamado de **hermafrodita** ou **monoico**. Em espécies monoicas, pode haver **autofecundação** (o óvulo de um indivíduo é fecundado pelo espermatozoide do mesmo indivíduo) ou **fecundação cruzada** (um indivíduo monoico fecunda outro indivíduo monoico da mesma espécie).

Após a fecundação e o surgimento do ovo ou zigoto, o desenvolvimento do embrião ocorre por múltiplas e sequenciais divisões celulares (mitoses), como ilustram as Figuras 1.9 e 1.10. Na fase embrionária chamada de *gastrulação*, as divisões celulares conduzem à formação de um estágio denominado **mórula**, um maciço globular celular composto por 32 **blastômeros**.

O próximo estágio tem o nome de **blástula**, que é um aglomerado oco de células cuja cavidade se chama **blastocele**, a qual pode ser preenchida ou não por líquido. A maioria dos animais apresenta desenvolvimento embrionário até o estágio de **gástrula**, quando há aumento do número de células (em razão da mitose) e invaginação do polo vegetal da blástula em direção ao polo animal. Esse processo dá origem a um orifício chamado **blastóporo** e a uma cavidade interna denominada **arquênteron** ou *intestino primitivo*.

Figura 1.9 – Padrão geral de desenvolvimento embrionário em animais até a fase de gástrula

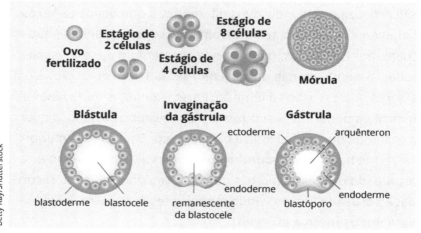

Figura 1.10 – Visão geral do desenvolvimento de um anfíbio, do período embrionário até a fase adulta

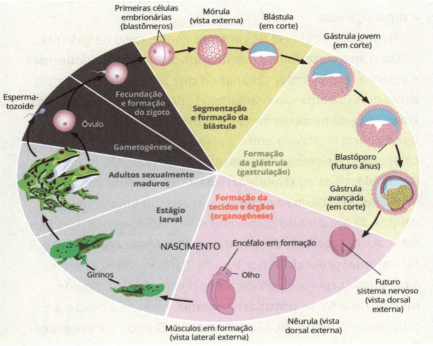

Fonte: Moreira, 2021, p. 6.

A fase de embrionária da gastrulação é importante para o surgimento da cavidade digestória no adulto, a partir do arquênteron. Juntamente com o aparecimento do arquênteron, surge a comunicação entre os meios externo e interno, a partir do blastóporo. Em animais chamados **protostômios**, o blastóporo pode dar origem apenas à boca ou à boca e em seguida ao ânus. Em **deuterostômios**, o blastóporo origina apenas o ânus, e a boca surge de outra porção do embrião. Quando presente, a fase de gastrulação é importante para a formação dos **folhetos germinativos** ou **folhetos embrionários**, os quais darão origem aos tecidos na fase embrionária seguinte, a organogênese.

Na história evolutiva dos animais com estágio de gástrula, existem apenas os folhetos germinativos interno (**endoderme**) e externo (**ectoderme**). Os animais que apresentam somente esses dois folhetos são chamados de **diblásticos** ou **diploblásticos**. Surgida posteriormente, a **mesoderme** é um folheto embrionário localizado entre a ectoderme e a endoderme. Logo, os animais que apresentam esses três folhetos são denominados **triblásticos** ou **triploblásticos**. O surgimento do terceiro folheto embrionário (mesoderme) acarretou um aumento do volume da arquitetura corporal dos embriões, os quais podem ser maciços (**acelomados**) ou apresentar uma cavidade corporal (**celoma**) preenchida por líquido (Carlson, 1998). Quando a cavidade corporal é parcialmente preenchida por líquido, trata-se de animais **pseudocelomados**; quando a cavidade é totalmente preenchida, são **celomados**. O celoma é **enterocélico** se a mesoderme surge de evaginações do teto do intestino primitivo, as quais formarão bolsas que posteriormente se desprenderão; tais animais são denominados **enterocelomados**. Já o celoma é **esquizocélico** se a mesoderme surge de células situadas próximas ao blastóporo; esses animais são chamados de **esquizocelomados**.

Figura 1.11 – Cavidade corporal de animais, com os tipos de celoma de animais triblásticos

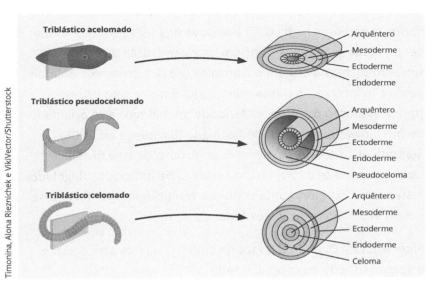

1.6 Os primeiros seres vivos

Cientistas acreditam que a origem da vida na Terra se deu há cerca de 3,5 bilhões de anos, com a evolução química de átomos provenientes da atmosfera primitiva e depositados no fundo oceânico (Barnes et al., 2008; Brusca; Moore; Shuster, 2018). Bactérias primitivas chamadas *arqueobactérias* e, posteriormente, eubactérias seriam os primeiros organismos vivos que apareceram na história evolutiva, ambas unicelulares **procariontes** (Sadava et al., 2009). Tradicionalmente, o estudo aprofundado de bactérias é atribuição da microbiologia, por isso não trataremos delas neste livro.

A partir da mesma linhagem evolutiva que deu origem às eubactérias, apareceram os organismos unicelulares

eucariontes e, depois, os multicelulares eucariontes. A condição da multicelularidade, surgida pela primeira vez há cerca de 700 milhões de anos (Era Pré-Cambriana), passou a existir em vários momentos na história evolutiva dos seres vivos. A multicelularidade é uma das principais características que definem um animal, mas a origem e a arquitetura dos primeiros animais ainda são incertas. A teoria mais aceita é que a rota provável para a evolução da multicelularidade animal tenha se originado de um indivíduo protozoário flagelado (Barnes et al., 2008). Segundo essa teoria, esse indivíduo protozoário se dividiu assexuadamente e formou uma colônia de indivíduos flagelados justapostos, surgindo uma condição multicelular que foi a base para a evolução da multicelularidade animal.

Figura 1.12 – Diagrama da teoria colonial, a mais aceita sobre o surgimento da multicelularidade

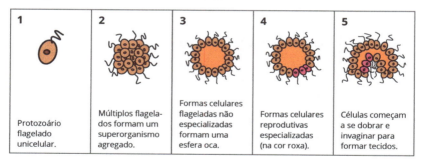

1.7 Os protozoários

Durante muitas décadas, o termo *protista* ou *proctotista* (*proto* = primeiro de todos) abrangeu os protozoários e as algas. Já o termo *protozoário* (*proto* = primeiro; *zoa* = animal) surgiu quando ainda se acreditava que esses organismos eram animais unicelulares heterotróficos pertencentes ao Reino Animalia (Barnes et al., 2008). Logo, *protistas* e *protozoários* não são sinônimos, pois divergem no que se refere aos organismos contemplados por uma e outra denominação.

A relação evolutiva dos protozoários com os outros organismos basais é ainda incerta, bem como a categoria taxonômica em que estão situados. Porém, até o momento, a ciência valida o Reino Protista (que inclui o Protozoa), com 11 filos, os quais compreendem 80 mil espécies de protozoários e vários grupos de algas (como diatomáceas e algas vermelhas e pardas) (Cavalier-Smith, 2003, 2004). Além disso, para evitar o emprego equivocado do ponto de vista taxonômico, o termo *protozoário* é utilizado como uma designação coletiva, sem significação taxonômica, ou seja, não corresponde a uma categoria/grupo taxonômico, assim como o termo *algas*. Tradicionalmente, as algas são estudadas pela botânica, portanto não vamos abordá-las neste livro.

Vejamos agora como se caracterizam os **protozoários**. São organismos unicelulares **heterotróficos** (capazes de obter moléculas orgânicas sintetizadas por outros organismos) ou **autotróficos** (capazes de sintetizar os próprios constituintes a partir de substratos inorgânicos). Os heterotróficos podem ingerir partículas externas por meio do englobamento ou da fagocitose ou fazer a ingestão de alimentos solúveis por osmose. Por sua vez, os autotróficos sintetizam o próprio alimento por meio da presença de pigmentos fotossintetizantes, por exemplo. Todos são microscópicos e podem ser de vida livre, simbiontes ou parasitas. Quanto à reprodução, podem apresentar reprodução sexuada (como a conjugação) ou assexuada (como o brotamento e a fissão binária ou múltipla); no entanto, o desenvolvimento embrionário é ausente.

Durante muitas décadas, os protozoários foram classificados em apenas quatro filos, segundo a estrutura de locomoção que apresentavam, quando presente. Neste livro, examinaremos brevemente os grupos de protozoários mais representativos quanto à importância ecológica e à saúde pública. As principais doenças causadas por protozoários serão mais detalhadamente abordadas no Capítulo 6. Em que pese o fato de as relações filogenéticas entre os protozoários serem ainda incertas, dados de biologia molecular e morfologia reconhecem quatro grandes grupos de protozoários: Excavata, Amoebozoa, Alveolaria e Rhizaria (Figuras 1.13 e 1.14).

Figura 1.13 – Cladograma das relações de parentesco entre os principais grupos de protozoários

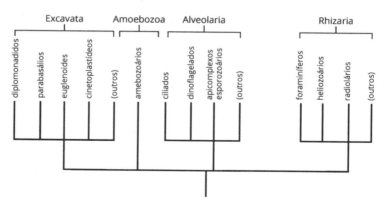

Fonte: Elaborado com base em Cavalier-Smith, 2004.

Na imagem anterior, como as relações filogenéticas entre protozoários ainda são incertas, o diagrama não apresenta raiz, que corresponderia ao ancestral comum.

Figura 1.14 – Exemplos de protozoários: (A) *Amoeba* sp. (Amoebozoa), *Paramecium* sp. (Alveolata) e *Euglena* sp. (Excavata); e (B) foraminíferos diversos (Rhizaria)

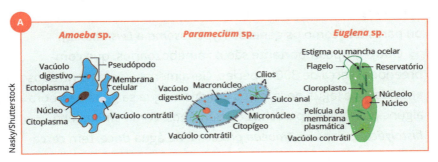

O grupo Excavata abrange cerca de 8 mil espécies de protozoários diplomonadidos, parabasálios, euglenoídeos, cinetoplastídeos e outros menos representativos, os quais podem ser de vida livre ou parasitas (Cavalier-Smith, 2002, 2003). Do ponto de vista evolutivo, diplomonadidos são protozoários cuja organela derivada de mitocôndria é o mitossomo, e o exemplo mais importante para a saúde humana é *Giardia intestinales*.

Parabasálios são protozoários cuja organela derivada de mitocôndria é o hidrogenossomo, como as triconinfas (gênero *Trichonympha*) e *Trichomonas vaginalis*. Euglenoídeos apresentam flagelo para a locomoção e podem ser heterotróficos (como o gênero *Peranema* e os grupos citados anteriormente); alguns podem ser autotróficos e/ou heterotróficos, uma vez que há formas clorofiladas, como o gênero *Euglena*. Cinetoplastídeos apresentam flagelo para se deslocar e podem ser de vida livre ou parasitas (como os gêneros *Trypanosoma* e *Leishmania*).

Outro grupo importante são os amebozoários, que compreendem cerca de 300 espécies. Geralmente, são encontrados em vida livre (água doce, solos úmidos e água salgada), embora alguns possam ser parasitas de humanos, como *Entamoeba histolytica*. A espécie *Amoeba proteus* é de água doce, tem cerca de 0,5 mm de diâmetro e locomove-se por meio da expansão de seu citoplasma, que origina os **pseudópodes** (movimento ameboide).

O grupo Rhizaria compreende cerca de 300 espécies com diferentes formas ameboides. Os grupos se dividem em, principalmente, protozoários foraminíferos, heliozoários e radiolários. Os foraminíferos são aqueles que vivem essencialmente em sedimento marinho; há diversas espécies macroscópicas, de alguns milímetros até o fóssil *Nummulites* sp., com cerca de 18 cm de diâmetro. Apresentam uma **carapaça**, ou teca, composta de carbonato de cálcio ou de outros materiais inorgânicos contidos no sedimento marinho. Já os heliozoários são de água doce e apresentam pseudópodes finos e alongados, com ou sem exoesqueleto. Por sua vez, os radiolários são comuns no zooplâncton marinho e apresentam esqueleto interno (endoesqueleto) silicoso, portanto, com pseudópodes finos e de formato vítreo. Por causa desses vários tipos de esqueletos, protozoários desses grupos são facilmente encontrados no registro fóssil desde o Período Pré-Cambriano e amplamente identificados no Cretáceo e no Terciário.

O grupo dos alveolários apresenta sáculos membranosos logo abaixo da membrana plasmática, estruturas chamadas de **alvéolos**. São descritas cerca de 18 mil espécies, as quais incluem protozoários ciliados, dinoflagelados e apicomplexos (ou esporozoários). Ciliados, como o nome sugere, apresentam cílios locomotores que recobrem a superfície do corpo; podem ser parasitas ou de vida livre (água doce, no mar ou em ambientes terrestres úmidos), sendo o gênero *Paramecium* o mais estudado. Dinoflagelados são organismos unicelulares (solitários ou coloniais) que apresentam geralmente dois flagelos e cujo alvéolo forma a **teca** ou **anfiesma**. São predominantemente de vida livre e de ambiente marinho, onde são conhecidos por provocar o fenômeno ambiental da maré vermelha. Apicomplexos são parasitas intracelulares obrigatórios cuja locomoção se dá apenas por flexões do corpo; apresentam uma estrutura de fixação à célula hospedeira chamada de *complexo apical*, uma vez que está localizada na região apical do corpo do protozoário. Os gêneros *Plasmodium* e *Toxoplasma* são importantes apicomplexos parasitas de seres humanos.

Síntese

Neste primeiro capítulo, revelamos como a ampla diversidade biológica distribuída pelo planeta, a qual conhecemos há pelo menos 150 anos, está conectada com o tempo geológico, em uma trajetória chamada de *evolução das espécies*.

Vimos que a biodiversidade animal, por exemplo, é alvo de estudo de diversas áreas da zoologia. Entre os cientistas mais conhecidos, destaca-se Linnaeus, que contribuiu fortemente para o estudo dos animais ao propor, principalmente, a organização em sete hierarquias/categorias taxonômicas principais: reino, filo, classe, ordem, família, gênero e espécie, sendo esta última a unidade básica de classificação dos seres vivos. Ainda impulsionadas pelas contribuições de Linnaeus, a classificação biológica, a taxonomia e a sistemática filogenética ajudam a consolidar os pressupostos da evolução biológica, ao tratar dos graus de parentesco e da história evolutiva dos grupos (*taxa*).

Mostramos também como é feita a grafia correta para o táxon *espécie* e como os cientistas escolhem os nomes das espécies. Além disso, tratamos da metodologia com a qual a ciência determina uma espécie, com a interpretação e o pressuposto de aspectos como os conceitos biológico, filogenético e evolutivo. Para possibilitar a compreensão da trajetória evolutiva das espécies, abordamos brevemente a interpretação de diagramas conhecidos, como filogenia, árvore filogenética e cladograma.

Para facilitar o estudo dos organismos-alvo deste livro, descrevemos as características gerais de protozoários e de animais, principalmente quanto à morfologia, à anatomia, à fisiologia e ao comportamento. Vimos aspectos ecológicos, embriológicos, reprodutivos e de arquitetura corporal.

Por fim, tratamos da origem da vida na Terra e dos primeiros organismos vivos que surgiram, bem como das condições ambientais nas quais estavam inseridos. Com a caracterização desses primeiros seres vivos, as bactérias, avaliamos a teoria mais aceita sobre a evolução dos primeiros organismos eucariontes unicelulares, os protozoários. Em seguida, apresentamos as características gerais e as classificações dos protozoários, além de discutirmos a teoria mais aceita quanto à origem dos animais a partir de um ancestral protozoário.

Indicações culturais

BOEGER, W. A. P. et al. **Catálogo Taxonômico da Fauna do Brasil (CTFB)**. 21 dez. 2015. Disponível em: <http://fauna.jbrj.gov.br/fauna/listaBrasil/ConsultaPublicaUC/ConsultaPublicaUC.do>. Acesso em: 7 abr. 2021.
Esse projeto é um esforço colaborativo de vários pesquisadores e pesquisadoras brasileiros de diversas instituições de pesquisa e ensino superior. Como resultado do projeto, o *site* serve como uma plataforma virtual com informações sobre biodiversidade e *status* taxonômico de quase 120 mil espécies válidas de animais conhecidas pelo Brasil.

MADDISON, D. R.; SCHULZ, K.-S. (Ed.). **Tree Of Life Web Project**. 2007. Disponível em: <http://tolweb.org>. Acesso em: 7 abr. 2021.
Esse projeto é resultado de um esforço colaborativo de vários biólogos, biólogas e naturalistas do mundo todo em prover uma plataforma virtual com informações sobre biodiversidade, história evolutiva e características gerais dos seres vivos.

NOVAS espécies: a expedição do século. Direção: Maurício Dias. Brasil: Grifa Filmes, 2019. 90 min.
Nesse documentário, podemos acompanhar o dia a dia de uma expedição científica realizada por diversos pesquisadores e pesquisadoras no Parque Nacional da Serra da Mocidade, em Roraima.

TAXONOMIA. **Ciência de A a Z**. Direção: Diego Santana. maio 2020. 76 min. *Podcast*. Disponível em: <https://open.spotify.com/episode/3SUYf0zFAaLlPb0fgdU6Ok?si=nwlUSCcYQVeMN-E9_5NiWg>. Acesso em: 7 abr. 2021.

Nessa publicação digital em áudio, há uma interessante discussão sobre o ramo da taxonomia e entrevistas com especialistas no Brasil.

WILSON, E. O. **A diversidade da vida**. São Paulo: Companhia das Letras, 2012.

Nesse livro, o célebre autor apresenta conceitos e diversos exemplos sobre biodiversidade, por meio da abordagem de aspectos sobretudo ecológicos. Além disso, avalia os processos de extinção e o impacto humano sobre o planeta, inclusive com a sugestão de possíveis soluções para amenizá-los.

Atividades de autoavaliação

1. Assinale a alternativa que apresenta a sequência correta da hierarquia taxonômica proposta por Linnaeus, da mais abrangente para a menos abrangente:

    A Classe, reino, filo, ordem, família e espécie.
    B Reino, ordem, classe, filo, família, gênero e espécie.
    C Espécie, gênero, família, ordem, classe, filo e reino.
    D Reino, filo, classe, ordem, família, gênero e espécie.
    E Reino, classe, filo, ordem, família, espécie e gênero.

2. Quanto à taxonomia e à classificação biológica dos animais, conforme os critérios básicos do Código de Nomenclatura Biológica, marque V para as sentenças verdadeiras e F para as falsas.

( ) *Pan troglodytes* e *Pan paniscus* pertencem à mesma família.
( ) A espécie ameaçada de papagaio-da-cara-roxa é corretamente grafada como *Amazona Brasiliensis*.
( ) *Amazona brasiliensis* e *Tadarida brasiliensis* pertencem à mesma espécie.
( ) *Homo sapiens*, *Homo neanderthalis* e *Homo erectus* compartilham as mesmas categorias taxonômicas, exceto o táxon *espécie*.

Agora, assinale a opção que apresenta a sequência correta:

A) V, V, V, V.
B) V, F, F, V.
C) F, F, V, V.
D) V, V, V, F.
E) F, V, F, F.

3. O bicudinho-do-brejo (*Formicivora acutirostris*) é uma ave pequena cuja espécie foi descrita em 1995 na região de Guaratuba (PR); é habitante de brejos salinos do litoral sul do Brasil. Observe o cladograma a seguir e, com base em seus conhecimentos sobre sistemática filogenética, marque V para as sentenças verdadeiras e F para as falsas.

Figura A – Relações de parentesco filogenético entre *Myrmotherula axilares* e *Formicivora* sp.

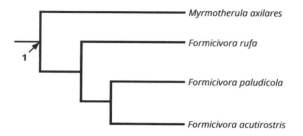

Fonte: Elaborado com base em Buzzetti et al., 2013.

( ) *Formicivora acutirostris* e *Formicivora paludicola* podem ser considerados grupos-irmãos.
( ) *Formicivora acutirostris*, *Formicivora paludicola* e *Myrmotherula axillaris* pertencem ao mesmo gênero.
( ) O número 1 representa o nó que divide os gêneros *Formicivora* e *Myrmotherula*.
( ) Do ponto de vista evolutivo, o gênero *Formicivora* surgiu antes do gênero *Myrmotherula*.

Agora, assinale a opção que apresenta a sequência correta:

A) V, V, V, V.
B) V, F, F, V.
C) F, F, V, V.
D) V, V, V, F.
E) V, F, V, F.

4. Sobre a caracterização morfológica dos animais, assinale a sentença correta:

   (A) Quanto à arquitetura corporal, os animais podem ser assimétricos ou bilateralmente simétricos, apenas.
   (B) Animais sempre apresentam reprodução sexuada.
   (C) Quanto à presença de uma cavidade corporal interna preenchida por líquido, animais podem ser acelomados, pseudocelomados ou celomados.
   (D) Todos os animais apresentam os folhetos embrionários endoderme, mesoderme e ectoderme.
   (E) Animais são organismos exclusivamente predadores carnívoros.

5. Sobre os protozoários, é correto afirmar:

   (A) São animais que surgiram na história evolutiva do Reino Animalia ou Metazoa.
   (B) São organismos multicelulares autotróficos.
   (C) São organismos unicelulares heterotróficos.
   (D) Todas as espécies são parasitas.
   (E) Apresentam sistema digestório e sistema nervoso complexo.

Atividades de aprendizagem

Questões para reflexão

1. Abra a gaveta de talheres da cozinha de sua casa. Escolha dez itens aleatoriamente. Depois disso, tente relacionar esses talheres de acordo com os critérios que você achar mais pertinentes (material, tamanho, cor, função/utilidade etc.). Caso você considere que dois ou mais itens são iguais, agrupe-os.

Mesmo que você não tenha se dado conta, estabeleceu uma metodologia intuitiva de organização dos talheres, separando-os em grupos conforme características morfológicas e funcionais ou quaisquer outras que você tenha definido previamente. Logo, colocou em prática uma metodologia simplificada semelhante à classificação biológica.

Agora, use sua criatividade para nomear os agrupamentos segundo os critérios de hierarquia propostos por Linnaeus, ou seja, crie nomes de categorias taxonômicas (filo, classe, ordem, família etc.) do "Reino dos Talheres".

Por fim, desenvolva uma história evolutiva para os agrupamentos de talheres. Escolha um único grupo ancestral que tenha dado origem a todos os outros (portanto, suponha monofilia). Estabeleça linhas (imaginárias ou reais) em um papel para demonstrar qual(is) grupo(s) foi(foram) originado(s) primeiro e qual(is) surgiu(surgiram) mais recentemente. Assim, você terá realizado uma tentativa simplificada de aplicar a metodologia da sistemática filogenética, porque levou em conta as semelhanças/diferenças dos caracteres e a trajetória evolutiva dos talheres ao longo do tempo, construindo um diagrama (cladograma).

2. Entender a origem e a evolução dos animais é um dos maiores desafios da ciência. Faça uma pesquisa sobre a importância dos conhecimentos de sistemática filogenética para a conservação das espécies animais.

Atividades aplicadas: prática

1. É muito importante que você tenha compreendido os vários conceitos relacionados à caracterização morfológica, porque, ao longo deste livro, vamos tratá-los mais rapidamente a cada apresentação e discussão acerca dos grupos de animais. Assim, para facilitar sua compreensão do conteúdo, sintetize esses conceitos em um infográfico, com informações concisas e preponderância de elementos visuais.

2. Faça uma visita virtual a museus (de história natural, zoologia ou ciências) nacionais e internacionais. Além da exposição, visite a seção virtual das coleções científicas zoológicas. Compare os acervos (número de espécies e indivíduos depositados) zoológicos disponíveis nessas instituições.

CAPÍTULO 2

INVERTEBRADOS I,

No capítulo anterior, vimos a teoria mais aceita sobre o surgimento da condição multicelular dos animais há cerca de 700 milhões de anos. Nesse contexto, uma colônia de indivíduos flagelados justapostos deu origem ao Reino Metazoa ou Animalia. Metazoários são definidos, principalmente, por características celulares, reprodutivas e moleculares; estão compreendidos em três grandes grupos: Parazoa (*para* = semelhante; *zoa* = animal), Mesozoa (*meso* = intermediário) e Eumetazoa (*eu* = verdadeiro). Parazoários não apresentam quaisquer conjuntos de células especializadas e de função compartilhada, como no caso das esponjas; mesozoários são um grupo pequeno que não será abordado neste livro. Já os eumetazoários apresentam células organizadas em tecidos e correspondem a todos os demais grupos de animais conhecidos, os quais são divididos nos clados Radiata e Bilateria.

Assim, dedicaremos a maior parte do restante deste livro ao estudo do Reino Metazoa, conforme a trajetória do aparecimento dos grupos ao longo da história evolutiva, exposta na Figura 2.1, a seguir. Como boa parte do posicionamento sistemático dos agrupamentos ainda não é bem estabelecida pela ciência, as seções deste capítulo – assim como dos demais – serão intituladas com o nome popular dos animais respectivamente abordados. Sempre que possível, trataremos do *status* e da categoria taxonômica nos quais se enquadram.

Figura 2.1 – Cladograma simplificado com as relações filogenéticas prováveis dos principais filos de animais

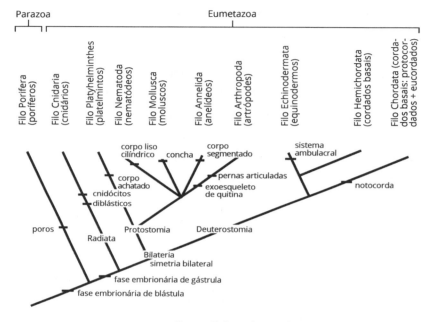

Fonte: Elaborado com base em Dunn et al., 2014.

2.1 Poríferos

No Parazoa, os poríferos são incluídos no Filo Porifera (*porus* = poro; *phoros*= portador), e seus representantes são as esponjas do mar. Até o momento, conhecemos cerca de 15 mil espécies das mais variadas cores e tamanhos (Hooper, 1994). Ocupam o ambiente aquático – essencialmente marinho – e estão sempre **sésseis** (fixas ao substrato) quando adultas. Podem estar presentes logo abaixo da linha d'água ou até mesmo em grandes profundidades. Além de serem importantes filtradoras (água doce e salgada), as esponjas desempenham papel ecológico importante ao abrigar uma grande diversidade de organismos aquáticos e/ou servir-lhes de alimento. São igualmente relevantes como bioindicadoras e biomonitoras de qualidade ambiental.

O registro fóssil dos poríferos é de cerca de 580 milhões de anos ou de até 700 milhões de anos em registro recente por biomarcadores, portanto, períodos Cambriano e Pré-Cambriano, respectivamente (Reitner; Wörheide, 2002). Apesar de popularmente pouco conhecidas, o potencial econômico das esponjas vem sendo explorado há pelo menos 80 anos. Alguns milhares de compostos bioativos de interesse para a indústria bioquímica e farmacológica já foram retirados de esponjas (Soest; Kempen; Braekman, 1994).

Figura 2.2 – Cladograma das relações filogenéticas entre as classes Hexactinellida, Demospongiae e Calcarea

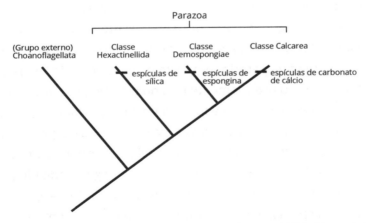

Fonte: Elaborado com base em Wörheide et al., 2012.

Figura 2.3 – Colônia de esponjas do mar (Filo Porifera) servindo de abrigo para alguns caranguejos-aranha *Stenorhynchus seticornis* (Filo Arthropoda)

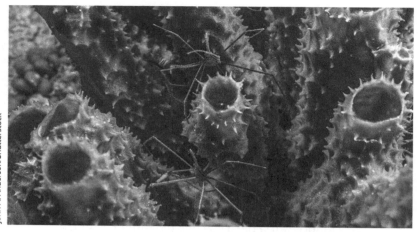

Como o nome do grupo sugere, as esponjas apresentam numerosos **poros** ao longo da estrutura corpórea; como ilustra a Figura 2.4, a seguir, o ápice se chama **ósculo** e o interior, **átrio** ou **espongiocele**. A água do meio externo entra pelos poros e atravessa uma fina parede composta por duas ou três células; não há um tecido propriamente dito ou órgãos diferenciados. A parede externa do corpo é formada pelos **pinacócitos** (*pinna* = em forma de prancha; *cito* = célula). Já o interior da espongiocele é revestido por **coanócitos** (*coano* = funil), associados ou não a amebócitos. Os coanócitos apresentam um flagelo rodeado por inúmeras microvilosidades, permitindo a circulação de água no interior da esponja, além de capturar partículas alimentares presentes na água e realizar parte da digestão intracelular. O restante da digestão intracelular é feito pelos **amebócitos**, localizados na camada gelatinosa entre os meios interno e externo, chamada **mesoílo**.

Figura 2.4 – À esquerda, corte longitudinal de um porífero que evidencia a morfologia interna e externa, além do fluxo de água que entra pelos poros e sai pelo ósculo; à direita, detalhe da morfologia do coanócito e do amebócito

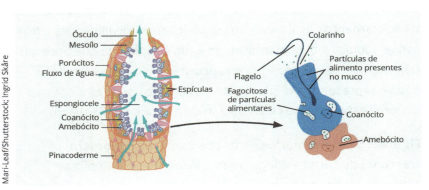

A sustentação do corpo das esponjas ocorre por elementos esqueléticos, situados no mesoílo. Feitas de calcário (**espículas calcárias**), sílica (**espículas silicosas**) e fibra proteica (**espongina**), a composição química predominante das esponjas é o caráter utilizado para identificá-las como pertencentes às classes Calcarea, Hexactinellida ou Demospongiae, respectivamente. As esponjas de espongina (Classe Demospongiae) são as mais representativas, correspondendo a até 90% das espécies de esponjas viventes. Do ponto de vista médico, algumas espículas de esponjas podem ser perigosas quando em contato com a pele humana, visto que podem provocar dermatite e/ou dor resultante da inoculação de toxinas.

Embora não se trate de um *status* taxonômico, tradicionalmente podem ser considerados três tipos morfológicos de esponjas: asconoide, siconoide e leuconoide, de acordo com a complexidade da parede do corpo, como podemos ver na Figura 2.5, a seguir. Em esponjas do tipo **asconoide**, o fluxo interno de água é lento, pois não apresentam a complexidade do corpo mais simples, o que limita o tamanho do corpo do animal (de 1 mm até alguns centímetros). No tipo **siconoide**, os dobramentos da parede do corpo formam invaginações com canais radiais, e o fluxo interno de água é rápido, já que apresentam muitos coanócitos. O tipo **leuconoide** é o mais complexo, o mais representativo quanto ao número de espécies e com as maiores espécies (até cerca de 2 m de altura e de diâmetro).

Figura 2.5 – Tipos morfológicos dos poríferos em ordem crescente de complexidade (vista lateral). As setas indicam a direção (fluxo) da água

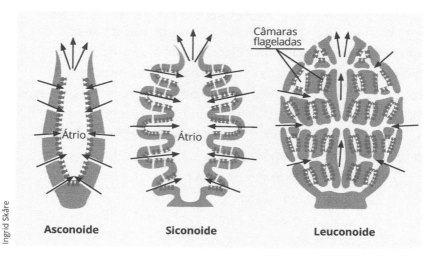

Fonte: Pereira, 2021.

Durante a embriogênese, as esponjas têm apenas dois folhetos embrionários (endoderme e ectoderme) e somente atingem a fase de blástula. Podem apresentar reprodução assexuada e sexuada. A reprodução assexuada pode ser por brotamento (de projeções no corpo, que se soltam ou não e originam outro indivíduo) ou por gemulação (de gêmulas de origem mesoílica, quando as condições ambientais passam a ficar inóspitas). Quanto à reprodução sexuada, existem esponjas monoicas (hermafroditas) e dioicas. A fecundação geralmente é interna, uma vez que os espermatozoides (produzidos nos coanócitos) saem pelo ósculo de uma esponja e penetram em outra esponja pelos poros, chegando aos óvulos (produzidos nos coanócitos ou nos arqueócitos). O desenvolvimento é indireto, ou seja, desenvolve-se uma larva ciliada que será livre-natante por um período breve, até que se fixe a um substrato.

2.2 Cnidários

No Eumetazoa, incluído no grupo Radiata, os cnidários são os representantes do Filo Cnidaria (*knide* = urtiga, que queima), e seus representantes são águas-vivas, corais, caravelas, hidras e anêmonas-do-mar. São animais que apresentam os mais diferentes tamanhos (desde formas microscópicas até cerca de 45 m de comprimento) e cores. Podem se apresentar de forma solitária ou colonial. O litoral brasileiro tem cerca de 3 mil km de regiões marinhas conhecidas com recifes de corais, e a maior extensão ininterrupta conhecida de recifes é a Grande Barreira de Corais no Oceano Pacífico.

Figura 2.6 – Grande Barreira de Corais no Oceano Pacífico

Até o momento, conhecemos cerca de 14 mil espécies de cnidários, presentes principalmente no ambiente marinho. São abundantes como planctônicos (que se deslocam passivamente) e bentônicos (que se deslocam ativamente), tanto em águas rasas quanto em zonas abissais. Os cnidários desempenham um papel ecológico importante, ao servirem de alimento e abrigo a uma grande diversidade de organismos aquáticos. Cerca de 2.200 espécies são parasitas, outras tantas são simbiontes fotossintetizantes. O registro fóssil sugere que o táxon Cnidaria tenha surgido há 600 milhões de anos, portanto, ao final do Pré-Cambriano (Período Ediacariano).

Têm hábito de vida séssil (tipo morfológico de **pólipo**) ou natante (tipo morfológico de **medusa**), ambos com **simetria radial**. Pólipos e medusas apresentam uma região oral (boca), mas ânus ausente. A boca tem **tentáculos**, curtos ou até mesmo muito longos, para a captura de alimento e a defesa do animal. Há basicamente duas camadas de células: **epiderme** (mais externa, derivada da ectoderme do embrião) e **gastroderme** (mais interna, derivada da endoderme do embrião). Entre epiderme e gastroderme está a **mesogleia**, uma camada gelatinosa com alto teor de água. Em medusas, a mesogleia pode chegar a representar 98% do peso total, fato que explica por que as chamamos de *águas-vivas*. Em conjunto, as três camadas de células formam tecidos bem definidos – diferente do que se observa no Filo Porifera –, porém ainda não há órgãos.

Por serem essencialmente carnívoros, o alimento ingerido entra pela boca e é digerido parcialmente na cavidade interna do animal, revestida pela gastroderme, chamada de **cavidade gastrovascular**, exposta na Figura 2.7, a seguir. Posteriormente, o alimento termina de ser digerido pelas células digestivas da gastroderme. Portanto, a digestão é em parte extracelular e em parte intracelular.

No tipo morfológico de medusa, a locomoção na coluna d'água é realizada pelo mecanismo de **jato-propulsão**. Os bordos gelatinosos e côncavos do corpo (chamados **umbrela**) se contraem e expulsam a água pela região oral, em jato, provocando o deslocamento do animal no sentido oposto.

Figura 2.7 – Esquema geral dos tipos morfológicos de cnidários

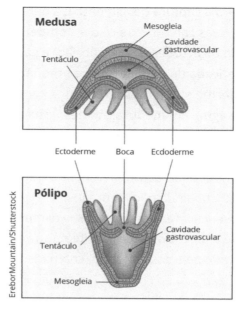

A célula característica e exclusiva dos cnidários é o **cnidócito**, o qual está predominantemente localizado nos tentáculos do animal. Ao ser tocado, o cnidócito dispara a **cnida** (*cnide* = urtiga), geralmente do tipo **nematocisto**, que estava protegida por uma cápsula dentro do cnidócito. O longo filamento do nematocisto tem o líquido urticante e pode apresentar espinhos, paralisando a presa e facilitando a carnivoria. Em humanos, a urtiga pode causar de leves queimaduras na pele até a morte. A espécie vespa-do-mar (*Chironex fleckeri*), encontrada no leste do Pacífico, causa cerca de cem mortes de pessoas todos os anos; os longos tentáculos injetam a cnida tóxica no corpo humano, a qual atinge o coração e o sistema nervoso.

Figura 2.8 – Estruturas do corpo dos cnidários: à esquerda, corte longitudinal de *Hydra* sp. que evidencia as camadas de células e a cavidade interna; à direita, detalhe do cnidócito

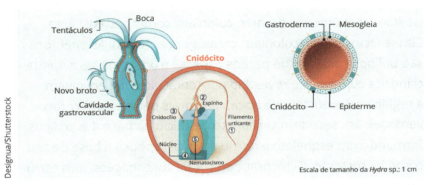

A diversidade morfológica de Cnidaria é refletida em uma ainda incerta classificação taxonômica. Atualmente, acredita-se haver dois grandes grupos de espécies de vida livre (não simbiontes): Anthozoa e Medusozoa (Kayal et al., 2018).

Figura 2.9 – Cladograma simplificado com as relações filogenéticas do Filo Cnidaria

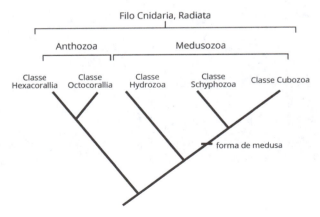

Fonte: Elaborado com base em Kayal et al., 2018.

Antozoários (*anthos* = flor; *zoa* = animal) são os mais representativos, com cerca de 7 mil espécies descritas; apresentam apenas o tipo morfológico de pólipo, sendo, portanto, sésseis durante a fase adulta. São agrupados na Classe Hexacorallia (solitários: anêmonas-do-mar; coloniais: corais pétreos) e na Classe Octocorallia (coloniais: corais gorgonáceos). As anêmonas são pólipos cnidários de parede espessa e de forma geralmente cilíndrica cujo ápice é revestido por tentáculos que envolvem a região oral (perístoma e boca). Os corais pétreos, ou "corais verdadeiros", secretam carbonato de cálcio na base dos pólipos, formando um esqueleto externo no qual repousa a base de seu corpo incrustante. Octocorais, ou corais gorgonáceos, têm estrutura predominantemente arborescente e flexível, com inúmeros pólipos de tamanho reduzido dispostos ao longo de praticamente todo o corpo.

Figura 2.10 – Cnidários antozoários: à esquerda, octocorais (Classe Hexacorallia); à direita, corais gorgonáceos (Classe Octocorallia)

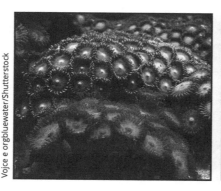

Medusozoários podem se apresentar em formas coloniais ou solitárias, de medusa ou de pólipo. São agrupados nas classes Cubozoa, Scyphozoa e Hydrozoa, como ilustra a Figura 2.11, a seguir. A Classe Cubozoa apresenta cerca de 45 espécies solitárias, conhecidas como *cubomedusas*, por causa do formato da umbrela. A Classe Scyphozoa registra cerca de 200 espécies solitárias, conhecidas popularmente como *águas-vivas*; portanto, são natantes na fase adulta. Já a Classe Hydrozoa tem cerca de 3.600 espécies descritas, conhecidas como *hidroides*, *sifonóforos* (ex.: caravelas-portuguesas) e *hidromedusas*, e podem apresentar forma de pólipo ou medusa; são os únicos cnidários presentes em ambientes marinho e de água doce.

Figura 2.11 – Cnidários medusozoários: (A) Classe Hydrozoa, corte longitudinal de *Hydra* sp.; (B) Classe Scyphozoa, vista lateral e ventral de *Aurelia aurita*; (C) Classe Cubozoa, vista lateral e ventral de *Tamoya haplonema*

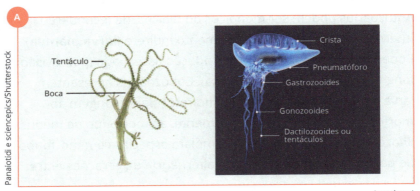

(continua)

(Figura 2.11 – conclusão)

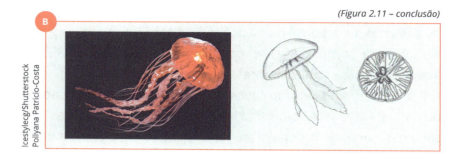

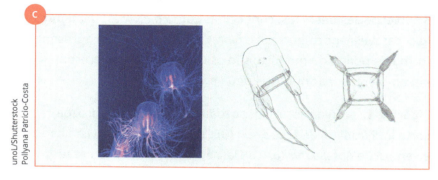

 Quanto à reprodução, há também muita variedade. Antozoários podem ser monoicos ou dioicos, de fecundação interna ou externa e desenvolvimento indireto (**larva plânula**). Podem também apresentar reprodução assexuada (por divisão longitudinal ou laceração pediosa). Cubozoários apresentam larva plânula (desenvolvimento indireto), dando origem ao morfotipo de pólipo e, posteriormente, ao morfotipo de medusa. Sifozoários e hidrozoários contemplam espécies com morfotipo de pólipo e/ou de medusa, com alternância de gerações entre as fases sexuada e assexuada.

Figura 2.12 – Alternância de gerações de cnidários

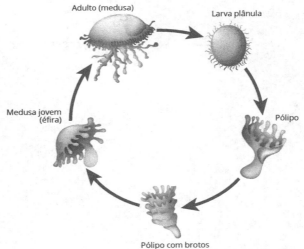

 Curiosidade

A maioria das águas-vivas passa por dois estágios morfológicos, de pólipo para medusa. No entanto, a espécie *Turritopsis nutricula* (Filo Cnidaria, Classe Hydrozoa) é capaz de regressar ao seu estágio inicial do ciclo de vida (pólipo) quando em condições de estresse ou ataque e, por isso, é chamada de *água-viva imortal*. Esse processo é conhecido como **transdiferenciação celular** e é semelhante ao que ocorre em humanos nas células-tronco indiferenciadas.

Figura 2.13 – Água-viva imortal

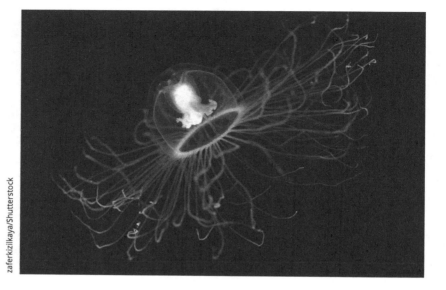

zaferkizilkaya/Shutterstock

2.3 Platelmintos

No Eumetazoa, os platelmintos e demais grupos derivados estão incluídos no agrupamento Bilateria. Os platelmintos integram o Filo Platyhelminthes (*platýs* = achatado; *helminthes* = verme). São conhecidas cerca de 45 mil espécies, cujos representantes são planárias, trematódeos e tênias. Platelmintos são animais que podem ter desde tamanho bem reduzido até alguns metros de comprimento, com **corpo sempre achatado dorsoventralmente** e de diversas cores, além de forma solitária ou colonial. Têm hábito de vida livre ou parasita (ectoparasita ou endoparasita), em ambos os casos com **simetria bilateral** (Hejnol et al., 2009). O fóssil mais antigo encontrado é de cerca de 430 milhões de anos (Período Siluriano).

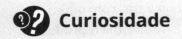
Curiosidade

O termo *verme* é empregado para designar animais invertebrados cujo formato do corpo é vermiforme/alongado, ou seja, não corresponde a uma categoria taxonômica válida.

A bilateralidade gerou, do ponto de vista evolutivo, diversas vantagens ecomorfológicas aos platelmintos e a todos os grupos derivados deles, os quais estão inseridos no grupo Bilateria (Barnes; Ruppert; Fox, 2005; Brusca; Brusca, 2007). Ter uma arquitetura corporal não mais assimétrica ou radial deu aos platelmintos uma orientação do sentido do movimento (**movimento direcional**), com o corpo dividido em lado direito e lado esquerdo. Chamamos de *região anterior* a porção do organismo que entra primeiramente em contato com o meio, ou seja, corresponde ao sentido da direção do animal no descolamento para a frente. Logo, é oposta à denominada *região posterior*. A superfície corporal que passa a estar em contato direto com o ambiente é a região ventral, opostamente à região dorsal.

Uma outra vantagem da bilateralidade refere-se ao aparecimento de órgãos e sistemas. O **sistema nervoso ganglionar** consiste em uma rede nervosa interligada com gânglios e cordões nervosos longitudinais, localizados logo abaixo da epiderme. Entre os gânglios, os gânglios cerebrais ("cérebro primitivo") são aqueles localizados na região anterior do corpo, juntamente com os **ocelos** (órgãos fotorreceptores simples), em um processo de início de **cefalização**, como podemos verificar na Figura 2.14, a seguir. Todas essas estruturas sensoriais permitem que platelmintos percebam e reajam ao meio em que estão inseridos, apesar de isso acontecer de maneira rudimentar.

Figura 2.14 – Morfologia geral dos platelmintos, com o exemplo de uma planária (*Girardia* sp.): (A) sistema reprodutor; (B) sistema digestório; (C) sistema nervoso

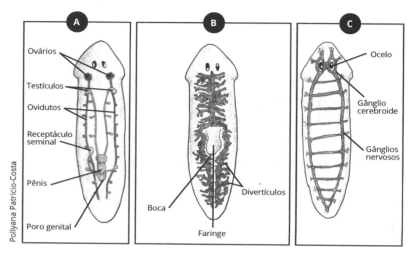

Figura 2.15 – Corte transversal da região anterior do corpo de uma planária, evidenciando o achatamento dorsoventral do corpo e a região da faringe e do intestino (ao centro)

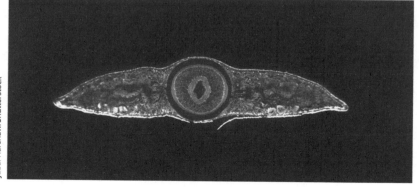

Outra novidade evolutiva importante foi a presença de um terceiro folheto embrionário, a mesoderme, o que tornou os primeiros animais **triblásticos**. O aparecimento de uma camada a mais de células entre a endoderme e a ectoderme permitiu a constituição de um corpo sólido, embora ainda não houvesse uma cavidade corpórea propriamente dita; portanto, são animais **acelomados**. Adicionalmente, o achatamento do corpo é também consequência da ausência de um sistema circulatório fluido capaz de fazer circular gases respiratórios. Logo, as trocas gasosas são realizadas por **difusão simples**.

Evolutivamente, é a primeira vez que aparece um sistema digestório verdadeiro (apesar de ser em fundo cego), uma faringe muscular e uma boca. Porém, o ânus é ausente e, por isso, tais organismos são **protostômios**. Em espécies parasitas, o sistema digestório é ausente (Littlewood, 2003). A maioria dos platelmintos apresenta sistema excretor e osmorregulação, os quais são dados por **protonefrídios** e seus conjuntos de canais e **células-flama**.

Figura 2.16 – Sistema excretor de platelmintos: em detalhe, protonefrídio

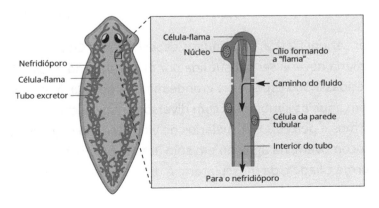

A classificação taxonômica do Filo Platyhelminthes ainda é incerta (Baguña; Riutort, 2004). Como ainda não há consenso sobre a filogenia desses grupos, veremos os grupos tradicionais: classes "Turbellaria", Cestoda, Trematoda e Monogenoidea (Egger et al., 2015). Espécies de platelmintos cujo ciclo de vida parasita inclui a espécie humana serão vistos posteriormente, no Capítulo 6, uma vez que são importantes para a saúde pública humana.

Figura 2.17 – Cladograma simplificado com as relações filogenéticas do Filo Platyhelminthes

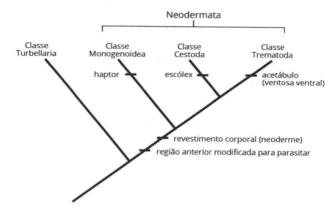

Fonte: Elaborado com base em Egger et al., 2015.

Por ser polifilética, para muitos especialistas a Classe Turbellaria deveria ser substituída por *taxa* independentes. São conhecidas 1.500 espécies, a grande maioria de vida livre, porém existem aquelas simbiontes com diversos animais, como equinodermos e peixes. Os turbelários de vida livre são carnívoros e se locomovem, na água ou em solo úmido, pelo batimento da epiderme ciliada e da musculatura. A diversidade morfológica é grande, e o tamanho dos adultos pode chegar a 30 cm de comprimento. Planárias são os exemplos mais conhecidos por apresentarem uma morfologia com as características gerais de um platelminto de vida livre: corpo achatado, região anterior modificada ("cefalização") e boca associada à faringe muscular – o gênero *Girardia* sp. é o mais comum. Quanto aos simbiontes, o gênero *Temnocephala* sp. é o mais conhecido, caracterizado por tentáculos na região anterior.

Figura 2.18 – Exemplos de representantes da Classe Turbellaria (Filo Platyhelminthes): à esquerda, fotografia de *Girardia* sp.; à direita, ilustração de *Temnocephala* sp.

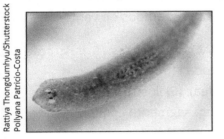
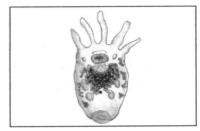

Rattiya Thongdumhyu/Shutterstock
Pollyana Patricio-Costa

Quanto aos parasitos (grupo Neodermata), todos os agrupamentos apresentam modificação do revestimento corporal, chamado **neoderme**, que parece conferir uma proteção contra a resposta corporal do hospedeiro (Kearn, 1998; Littlewood, 2003). Assim como outros platelmintos, têm corpo achatado dorso-ventralmente dividido em região anterior e posterior; contudo, geralmente apresentam modificação/estrutura especializada na região anterior, como podemos ver na Figura 2.19, a seguir. A Classe Cestoda compreende as tênias ou solitárias, sendo as mais conhecidas *Taenia solium* e *T. saginata*. A região anterior é modificada em **escólex/escólice** com ou sem **ganchos**,

espinhos e/ou **ventosas**, que facilitam a fixação na mucosa intestinal do hospedeiro. Já a região posterior é extremamente alongada, formada por inúmeras **proglótides**, as quais se destacam do indivíduo adulto quando em maturação. A Classe Trematoda abrange platelmintos endoparasitas de vertebrados que, geralmente, apresentam na região anterior uma estrutura ventral e muscular semelhante a uma ventosa, chamada **acetábulo**. Os gêneros *Schistosoma* e *Fasciola* são os mais importantes para a saúde humana dos brasileiros. Por fim, a Classe Monogenoidea compreende, em sua maioria, ectoparasitas (de superfície e de brânquias) de peixes. Apresentam uma estrutura de fixação denominada **haptor** na porção anterior do corpo, que pode apresentar ganchos, âncoras, grampos ou ventosas.

Figura 2.19 – Morfologia de platelmintos parasitas: (A) ilustração de *Fasciola hepatica* (Classe Trematoda); (B) ilustração de *Microcotyle* sp. (Classe Monogenoidea); (C) ilustração de *Taenia solium* (Classe Cestoda), adulto e com segmento com proglótide grávido

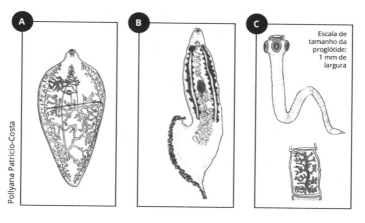

Quanto à reprodução, a maioria dos vermes achatados é **hermafrodita**, com **fecundação cruzada**. Apresentam desenvolvimento direto (em espécies de vida livre) e indireto (em espécies parasitas).

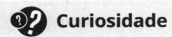 **Curiosidade**

Quais são os maiores vermes achatados?
As baleias podem apresentar o cestoide *Polygonoporus giganticus*, com cerca de 40 m de comprimento e 45 mil segmentos corporais. Em humanos, o maior platelminto já encontrado é da espécie de cestoide *Diphyllobothrium latum*, com até 15 m de comprimento e cerca de 4.500 segmentos, cuja infestação se dá pela ingestão de carne de peixe contaminada.

2.4 Nematódeos

Nematódeos fazem parte do Filo Nematoda (*nema* = filamento; *toda* = semelhança). São considerados animais muito diversos e altamente abundantes no planeta (Blaxter; Koutsovoulos, 2015). Já foram conhecidos como *asquelmintos* e *nematelmintos*, pois são vermes de **corpo alongado, cilíndrico e fino** nas extremidades, além de bilateralmente simétricos. São conhecidas cerca de 90 mil espécies, porém estima-se que há cerca de um milhão de espécies (Blumenthal; Davis, 2004). Podem ser encontrados nos mais diversos *habitat*, embora sempre associados ao ambiente úmido, e a maioria é de vida livre. Calcula-se que um metro quadrado de solo úmido possa conter até 3 milhões de indivíduos nematódeos e que uma única maçã contenha até 90 mil deles.

Aparentemente, a **cutícula** complexa (em até nove camadas) presente na **hipoderme** foi a grande responsável pelo sucesso do grupo na dispersão e na colonização em diferentes ambientes. São morfologicamente semelhantes e geralmente apresentam tamanho reduzido, havendo desde organismos microscópicos até aqueles com alguns centímetros de comprimento. Como exceção, destaca-se o nematódeo *Placentonema gigantissima*, parasita de placenta de cetáceos cachalotes, com cerca 15 m de comprimento. As formas de vida livre têm diferentes hábitos alimentares, podendo ser detritívoros, predadores e comedores de animais em decomposição. Apesar de o corpo mole e delicado não favorecer o registro fóssil – por isso são raros os fósseis de vermes –, já foram encontrados nematódeos do Período Cambriano (cerca de 500 milhões de anos atrás).

Do ponto de vista evolutivo, o surgimento de um corpo cilíndrico é consequência do aparecimento de uma cavidade corporal preenchida parcialmente por líquido, o **pseudoceloma**. Como ilustra a Figura 2.20, a seguir, na extremidade anterior do corpo está localizada a boca, geralmente circundada por **papilas sensoriais, cerdas, espinhos** e/ou **lábios**. Na extremidade oposta, posterior está o **ânus** (em fêmeas) ou a **cloaca** (em machos). Portanto, o sistema digestório normalmente é completo, com faringe muscular. O sistema excretor se constitui através da parede do intestino, e a osmorregulação é realizada pelo **sistema secretor-excretor**. O sistema nervoso é formado por um anel ao redor do esôfago (**anel circum-esofágico**) e pelos **cordões nervosos longitudinais** (ventral e dorsal), além de vários órgãos sensoriais, como **ocelos**, **papilas** e **setas sensitivas** (Travassos, 1950; Ribeiro-Costa; Rocha, 2003; Barnes; Ruppert; Fox, 2005).

Figura 2.20 – Morfologia geral dos nematódeos (Filo Nematoda), com exemplo de *Ascaris lumbricoides*: (A) região anterior ou bucal; (B) região anterior próxima à faringe; (C) região mediana do corpo; (D) vista lateral do corpo de fêmea; (E) vista lateral do corpo de macho

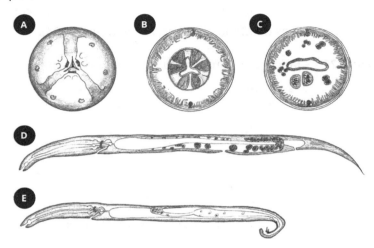

Os nematódeos são animais triblásticos com movimentação e deslocamento realizados por meio da ação muscular, funcionando como um **esqueleto hidrostático**, a partir da cutícula e do pseudoceloma. A maioria tem sexos separados, sendo, portanto, dioica. Em geral, as fêmeas são maiores que os machos. A fecundação é interna, uma vez que as **espículas copulatórias** do macho são evertidas e introduzidas no orifício genital da fêmea. O desenvolvimento é indireto, e uma única fêmea é capaz de gerar milhares de ovos em um único dia. No Capítulo 6, veremos aspectos de saúde pública referentes ao nematódeo *Ascaris lumbricoides*, conhecido como **lombriga**. Outros nematódeos bastante conhecidos são *Ancylostoma braziliensis*, *A. duodenale*, *Necator americanus* e *Wulchereria bancrofti*.

Os vermes cilíndricos lisos podem ser divididos em Classe Adenophorea e Classe Secernentea, apesar de a sistemática do grupo ainda estar sendo discutida. Isso se deve principalmente à complexidade associada ao número de espécies e ao fato de a maioria dos estudos envolver as espécies de importância sanitária (ex.: parasitas de humanos e de animais de criação) e econômica (ex.: parasitas de plantas) (Blumenthal; Davis, 2004).

Figura 2.21 – Cladograma simplificado do Filo Nematoda

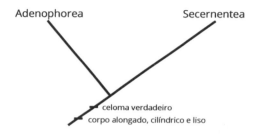

Fonte: Elaborado com base em Blumenthal; Davis, 2004.

2.5 Moluscos

Entre os integrantes do Filo Mollusca (*molluscus* = noz tenra, mole), estão caracóis, lesmas, mexilhões, polvos, lulas e ostras; há cerca de 90 mil espécies viventes registradas. Quanto ao registro fóssil, estima-se que haja até 60 mil espécies extintas. A presença de conchas calcárias faz com que esse grupo seja amplamente encontrado e conservado no processo de fossilização desde o Período Cambriano (cerca de 500 milhões de anos atrás).

Os moluscos pertencem a uma linhagem de animais que sofreu grande radiação adaptativa, ou seja, uma grande e rápida diversificação (Dunn et al., 2014). Esse processo evolutivo permitiu que ocupassem os mais diferentes ambientes e apresentassem os mais diferentes hábitos (de vida, de alimentação etc.). Apesar da diversidade, Mollusca é considerado um grupo monofilético, isto é, com origem a partir de um único ancestral em comum. Isso é sustentado pela presença de **celoma** verdadeiro (porém reduzido), sistema circulatório aberto, manto com espículas calcárias e rádula.

É a primeira vez que apresentamos um animal **triblástico** cuja cavidade interna do corpo é revestida totalmente por líquido, ou seja, trata-se de animais **celomados** e **esquizocélicos**. O celoma é considerado reduzido porque se restringe às regiões cardíaca, gonadal e renal. O **manto** ou **pálio** é uma ampla área do epitélio dorsal cuja cutícula é engrossada e produz espículas e/ou concha calcária. A **rádula** é uma estrutura formada por inúmeros dentículos quitinosos enfileirados, na região ventral, dentro da cavidade bucal, servindo de coletor, raspador e triturador de alimento.

A **concha** é uma estrutura sólida que protege o animal e pode ser considerada um exoesqueleto, formado principalmente de carbonato de cálcio. Alguns moluscos, secundariamente, passaram a apresentar uma concha queratinizada interna (endoesqueleto) ou esqueleto ausente.

O corpo dos moluscos é dividido em três partes: **cabeça**, **pé** e **massa visceral**. A cabeça pode ser grande ou reduzida e contempla a maioria dos órgãos sensoriais. O pé, quando bem desenvolvido, é semelhante a uma ampla sola rastejante recoberta por glândulas mucosas, o que permite o deslizamento nas superfícies, auxiliando no processo de locomoção. A massa visceral concentra os órgãos internos e, geralmente, encontra-se dentro da concha, quando esta é presente.

As modificações morfológicas foram diferentes entre os grupos do Filo Mollusca (Taylor, 1996), como podemos observar nas Figuras 2.22 e 2.23, a seguir. Os moluscos podem ser divididos em pelo menos cinco grandes classes viventes: Polyplacophora, Bivalvia, Gastropoda, Scaphopoda e Cephalopoda. Bivalves e gastrópodes correspondem a cerca de 98% das espécies de moluscos viventes conhecidas.

Figura 2.22 – Morfologia externa e interna dos moluscos: (A) ilustração do caramujo *Biomphalaria* sp. (Classe Gastropoda) (vistas lateral e ventral); (B) ilustração de *Dentalium* sp. (Classe Scaphopoda) (vistas lateral externa e lateral interna); (C) ilustração de um quíton (Classe Polyplacophora) (vistas dorsal e ventral); (D) ilustração do mexilhão *Perna perna* (Classe Bivalvia) (vista lateral e vista interna de uma valva); (E) ilustração de lula *Lolliguncula brevis* (vista frontal)

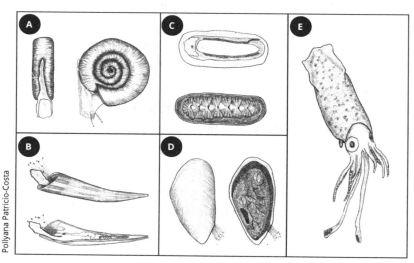

Figura 2.23 – Cladograma simplificado com as relações filogenéticas entre as principais classes do Filo Mollusca

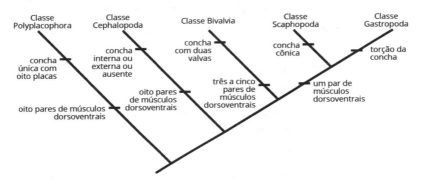

Fonte: Elaborado com base em Smith et al., 2011; Vinther et al., 2017.

Polyplacophora, representada pelos quítons, é a classe mais basal, com uma exclusiva estrutura de concha com **oito placas calcárias articuladas**, dorsalmente. Apresenta também um corpo alongado e achatado dorsoventralmente e um manto circundante desenvolvido que forma um **cinturão** espesso, o qual favorece a vida em costões rochosos. São conhecidas cerca de 500 espécies de quítons, todos marinhos e a maioria fitófagos, com cerca de alguns poucos centímetros.

A Classe Bivalvia tem rádula ausente, uma vez que se trata de organismos filtradores. Compreende todos os moluscos cuja concha é partida em duas **valvas articuladas** entre si pela região do **umbo** e da **charneira**, portanto, mexilhões, ostras, vieiras, berbigões e sururus. A grande maioria das 20 mil espécies é de água doce e marinha, predominantemente habitantes sedentários do fundo aquático. Podem ocorrer da linha de marés até grandes profundidades e outros podem estar presos à superfície por filamentos córneos chamados **filamentos do**

bisso, como os mexilhões. Outros, ainda, não são fixos, como as vieiras, que se locomovem por jato-propulsão gerado pela abertura e pelo fechamento de suas valvas. Vários bivalves são utilizados na alimentação humana, principalmente mexilhões (ex.: *Perna perna*) e ostras (ex.: *Ostrea arborea*).

As ostras são os únicos moluscos que produzem **pérolas**. Vivem fixas ao substrato e têm a camada interna da concha formada por um nácar ou madrepérola brilhante, espesso e resistente. Eventualmente, grãos de areia ou pequenos vermes penetram de maneira acidental entre o manto e a concha. Como defesa, esse molusco recobre o elemento estranho paulatinamente, formando pérolas naturais por incrustação na camada de nácar da concha. De forma não natural, pérolas cultivadas podem ser produzidas desse mesmo modo, mas sob manipulação e intervenção humana em uma ostra perlífera jovem. A maioria das ostras capazes de produzir pérolas para serem utilizadas em joias são das espécies *Pinctada fucata*, *P. margaritifera* e *P. martensii*, comuns no Oceano Pacífico. No entanto, a maioria delas é pequena e/ou de formato irregular, logo, com baixo potencial econômico.

Figura 2.24 – Ostras do gênero *Pinctada* (Bivalvia, Mollusca) com a formação de pérolas entre o manto e a concha

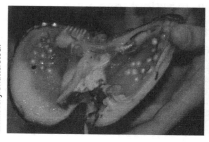 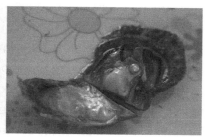

A Classe Gastropoda constitui um grande e diverso grupo, com cerca de 77 mil espécies, principalmente marinhas e de vida livre. Alguns exemplos são caramujos, caracóis, lesmas, lapas, lesmas-do-mar e lebres-do-mar. A característica exclusiva do grupo é a massa visceral que, durante o desenvolvimento, gira aproximadamente 180° no sentido anti-horário em relação à cabeça e ao pé, fazendo com que a cavidade do manto ocupe a posição anterior, junto com ânus e rins, em uma **torção**. Essa torção deu nome ao grupo e acaba resultando no transporte de fezes e excretas para a região logo acima da cabeça. O plano básico do corpo de gastrópodes é levemente achatado, com um pé rastejador bem desenvolvido, cabeça bem desenvolvida com rádula, um par de olhos, um ou mais pares de tentáculos sensoriais. O pé e a cabeça são retráteis para dentro de uma concha, a qual é enrolada em espiral helicoidal. A grande maioria dos gastrópodes é dioica, com desenvolvimento indireto (larvas trocófora e véliger).

Já a Classe Scaphopoda inclui cerca de 350 espécies de dentálios, moluscos cilíndricos, alongados, com até 15 cm de comprimento aproximadamente. O manto abrange quase todo o corpo do animal, secretando uma **concha cônica**, calcária e aberta nas extremidades. Escafópodes habitam sedimentos moles marinhos e são predominantemente dioicos.

Por fim, a Classe Cephalopoda reúne os moluscos mais especializados e diferenciados, em quase mil espécies exclusivamente marinhas, como lulas, polvos e náutilos. O nome do grupo refere-se à presença de um cérebro altamente complexo e **olhos bem desenvolvidos** e semelhantes aos olhos dos vertebrados (com córnea, diafragma da íris, retina e lente). Como característica diagnóstica, observam-se estruturas originadas de um pé extremamente modificado em uma série de **braços** e/ou **tentáculos**, ao redor da boca. A região central apresenta a cavidade do manto, a qual se abre para a região anterior, próxima à cabeça. A água pode entrar na cavidade do manto e ser expelida por contrações musculares, permitindo o deslocamento na coluna d'água por jato-propulsão. A massa visceral está contida dorsalmente, ao longo de boa parte do corpo alongado dorsoventralmente. São animais essencialmente carnívoros, predadores vorazes e eficientes, além de ótimos e velozes nadadores. O sistema nervoso é altamente desenvolvido, com controle de **cromatóforos** da superfície do corpo que, junto com pequenos músculos, ocasionam mudanças extremamente rápidas nos padrões de cores. Quanto à concha, náutilos viventes apresentam concha calcária univalva externa e espiralada, com muitas câmaras internas; lulas têm concha córnea interna em formato de pena; nos polvos, a concha está ausente. Entre os moluscos, as lulas gigantes são os maiores animais, com cerca de 20 m de comprimento.

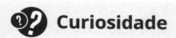 **Curiosidade**

Dona dos maiores olhos (cerca de 60 cm) do Reino Metazoa, a lula colossal gigante *Mesonychoteuthis hamiltoni* habita oceanos de águas frias e profundas. A massa corpórea é de cerca de 150 kg. Seus tentáculos medem até 6 m de comprimento, e o comprimento total do corpo pode chegar a 15 m. São animais carnívoros, dos mais fascinantes e vorazes predadores dos oceanos.

Mesmo com essa ampla diversidade de formas e tamanhos, a maioria dos moluscos ainda se manteve no ambiente de origem, os mares e os oceanos, porém alguns gastrópodes e bivalves atingiram o ambiente dulcícola. Outros gastrópodes conquistaram o ambiente terrestre.

Muitos moluscos têm grande importância econômica, uma vez que são utilizados na alimentação e podem causar impacto econômico, por exemplo, dentro de turbinas de hidrelétricas. A pérola também tem grande valor comercial. No entanto, diversas espécies de moluscos podem ser exóticas invasoras, porque, ao estarem na água de lastro e/ou nos cascos de animais adultos de grandes embarcações, causam diversos tipos e níveis de impacto ambiental, já que são transportadas acidentalmente para outro meio que não o seu. Como já mencionamos, outras espécies têm importância na saúde pública, visto que podem ser causadoras e/ou hospedeiras de diversas doenças, como as parasitoses causadas por vermes.

Síntese

Neste segundo capítulo, vimos que o grupo dos animais (Reino Animalia ou Metazoa) é compreendido, principalmente, pelos grupos Parazoa e Eumetazoa. Abordamos os poríferos (Filo Porifera, Parazoa), animais sésseis que apresentam corpo com inúmeros poros, característica que lhes permite ter uma alimentação por filtração; são representados pelas esponjas. Esses seres apresentam uma organização simples do corpo, com poucas células especializadas e ausência de quaisquer tecidos ou órgãos.

Quanto ao grupo Eumetazoa, vimos que os cnidários (Filo Cnidaria) são representados por corais, anêmonas, águas-vivas, hidras e caravelas, com simetria radial e forma séssil (pólipos) ou livre natante (medusa). São essencialmente carnívoros e utilizam-se da célula urticante (cnidócito) e dos tentáculos para ajudar na captura de presas. Apresentam duas camadas de células e uma cavidade interna chamada *cavidade gastrovascular*. Também mostramos que a característica da bilateralidade surgida no grupo Bilateria trouxe uma série de vantagens evolutivas e ecológicas. Os platelmintos (Filo Platyhelminthes) foram os primeiros animais a apresentar uma terceira camada de células no período embrionário – portanto, são triblásticos, o que permitiu o surgimento de alguns tecidos, órgãos e sistemas. Contudo, ainda não têm uma cavidade interna propriamente dita (acelomados). Assim, são vermes achatados dorsoventralmente, de hábito parasita, simbionte ou de vida livre. Já os nematódeos (Filo Nematoda) são vermes cilíndricos lisos e de sexos separados. São animais triblásticos pseudocelomados. Apresentam um espesso revestimento corporal de cutícula, aspecto que provavelmente foi o responsável pelo sucesso evolutivo do grupo (grande número de espécies e abundância em diversos tipos de ambientes).

Por fim, tratamos da grande diversidade de formas dos moluscos (Filo Mollusca), sua ocupação nos mais diferentes ambientes e seus hábitos alimentares. A rádula é uma estrutura raspadora que auxilia na alimentação e é exclusiva dos moluscos. Ainda como consequência de um celoma verdadeiro, porém reduzido, o corpo dos moluscos é mole e dividido em cabeça, pé e massa visceral. Além disso, a maioria dos moluscos tem uma ou mais conchas externas de carbonato de cálcio, o que confere proteção a esses seres.

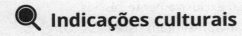 Indicações culturais

AQUARIO – Aquário Marinho do Rio de Janeiro. Disponível em: <https://www.aquariomarinhodorio.com.br/>. Acesso em: 9 abr. 2021.
Maior aquário da América do Sul na atualidade, o AquaRio está localizado na cidade do Rio de Janeiro. Embora seja mais focado em visitas presenciais, o *site* apresenta diversas atividades, palestras e demonstrações de mais de 350 espécies de animais e outros organismos aquáticos.

EM BUSCA dos corais. Direção: Jeff Orlowski. EUA: Exposure Labs; Netflix. 2017. 89 min.
Nesse documentário sobre ciência e natureza, há imagens incríveis da destruição que atinge os recifes de corais, resultante da mudança climática em ambiente marinho.

MEET the Vampire Squid. Direção: National Geographic. EUA: Monterey Bay Aquarium Research Institute, 2012. 2 min.
Nesse vídeo sobre proteção e conservação de espécies de profundidades oceânicas, são mostrados o comportamento e o hábito de vida da espécie de cefalópode *Vampyroteuthis infernalis* (Cephalopoda, Mollusca).

Atividades de autoavaliação

1. Sobre poríferos e cnidários, assinale a alternativa correta:

   A Poríferos e cnidários são animais diblásticos e com tentáculos.

   B Poríferos são representados pelas esponjas, e cnidários, por corais, anêmonas e águas-vivas.

- **C** Poríferos e cnidários são exclusivamente sésseis.
- **D** Poríferos e cnidários não apresentam sistemas ou órgãos.
- **E** A célula característica de poríferos é o cnidócito, e a dos cnidários é o coanócito.

2. Sobre cnidários, é **incorreto** afirmar:

   - **A** Apresentam alternância de gerações.
   - **B** São essencialmente carnívoros.
   - **C** Podem ser divididos em classes: Octocorallia, Hexacorallia, Scyphozoa, Hydrozoa e Cubozoa.
   - **D** Apresentam células especializadas chamadas *cnidócitos*.
   - **E** São exclusivamente sésseis.

3. **Não** se considera como consequência do surgimento da bilateralidade no Filo Platyhelminthes:

   - **A** a formação do sistema nervoso ganglionar.
   - **B** o surgimento de uma região anterior e posterior.
   - **C** o início do processo de cefalização.
   - **D** a presença de animais hermafroditas.
   - **E** o deslocamento do animal orientado para a frente, a partir da região anterior.

4. Sobre as características gerais de platelmintos e nematódeos, relacione a primeira coluna com a segunda.

   Coluna 1

   (P) Filo Platyhelminthes (platelmintos)
   (N) Filo Nematoda (nematódeos)

Coluna 2
( ) São vermes achatados.
( ) São vermes cilíndricos lisos.
( ) São pseudocelomados.
( ) São acelomados.
( ) Um exemplo são as lombrigas.
( ) Um exemplo são as planárias e as tênias.

Agora, assinale a alternativa que apresenta a sequência correta:

A) P, N, N, N, P, P.
B) N, P, N, P, P, P.
C) P, P, N, P, N, P.
D) N, P, P, N, P, N.
E) P, N, N, P, N, P.

5. Sobre as características gerais de moluscos, analise o cladograma a seguir e assinale a alternativa correta:

Figura A – Cladograma das relações filogenéticas entre os principais grupos de moluscos

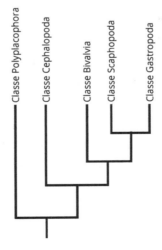

A A rádula foi uma importante novidade evolutiva cuja função é a alimentação.
B A concha está presente em todos os representantes das classes.
C Segundo o cladograma, a Classe Gastropoda surgiu primeiro na história evolutiva do Filo Mollusca.
D São animais acelomados.
E São exclusivamente aquáticos.

Atividades de aprendizagem

Questões para reflexão

1. O fenômeno do branqueamento dos corais é um dos impactos ambientais diretos do aquecimento global, com o aumento da temperatura da água dos oceanos. Pesquise e identifique as causas e as consequências ambientais desse fenômeno.

2. De forma geral, o parasitismo é uma associação ecológica interespecífica, na qual um organismo – o parasito – prejudica ou vive às custas de outro(s) organismo(s), o(s) hospedeiro(s). Avalie e discuta as adaptações morfológicas surgidas em alguns grupos de vermes dos filos Platyhelminthes e Nematoda ao hábito parasita.

3. Com base em seus conhecimentos a respeito da diversidade morfológica e ecológica dos moluscos, faça uma pesquisa sobre a discussão científica acerca da arquitetura corporal do molusco ancestral hipotético. Qual é a explicação mais aceita sobre a anatomia interna e externa que poderia contemplar as características mais comuns encontradas nos representantes do Filo Mollusca?

Atividades aplicadas: prática

1. Construa um quadro comparativo com as características gerais dos filos estudados neste capítulo. A seguir, veja um exemplo.

   Quadro A – Características gerais dos primeiros grupos de invertebrados

Característica/Filo	Porifera	Cnidaria	Platyhelminthes	Nematoda	Mollusca
Hábito de vida	*Séssil e filtrador*				
Simetria	*Ausente*				
Tipo de celoma	*Apresentam apenas a fase de blástula, portanto não se aplica a abordagem de celoma.*				
Sistema circulatório	*Ausente*				
Sistema excretor	*Ausente*				
Sistema digestório	*Ausente*				
Reprodução	*Assexuada ou sexuada*				

2. As águas de lastro de navios cargueiros são responsáveis por carregar e transferir uma grande diversidade de animais ainda no estágio imaturo, no percurso entre oceanos e mares. Trazido pela primeira vez à Usina Hidrelétrica de Itaipu em 2001, o mexilhão-dourado *Limnoperna fortunei* (Classe Bivalvia, Filo Mollusca) infesta a usina. Em razão do hábito séssil e gregário, fixa-se às tubulações e às instalações

hidrelétricas e de abastecimento. Pesquise e avalie os diversos impactos estruturais (na usina) e ecológicos (nos ambientes) causados por essa espécie invasora.

3. Compre no mercado, na feira ou até mesmo diretamente com pescadores de sua região alguns exemplares dos conhecidos frutos do mar, ou seja, dos representantes do Filo Mollusca. Lulas, ostras, mexilhões, mariscos são vendidos facilmente e conservados congelados. Aproveite para estudar a anatomia interna e externa desses animais.

CAPÍTULO 3

INVERTEBRADOS II,

Até este ponto, vimos que na história evolutiva da vida animal surgiram animais assimétricos e de simetria radial ou bilateral, com ou sem mesoderme, entre outras características. A cefalização, originada nos grupos iniciais do agrupamento Bilateria, foi possível com o aparecimento da mesoderme, que permitiu um maior desenvolvimento do sistema nervoso a partir da endoderme.

O ramo Bilateria se divide em Deuterostomia e Protostomia, ou seja, podemos separar os animais quanto à estrutura resultante do blastóporo. Nesse caso, Protostomia compreende grupos que já vimos, como platelmintos, nematódeos e moluscos, além dos anelídeos e dos artrópodes, que veremos neste capítulo, animais celomados e segmentados, sendo essas duas características as responsáveis por uma série de especializações morfológicas e ecológicas desses animais.

Há várias hipóteses de parentesco filogenético entre platelmintos, moluscos, nematódeos, artrópodes, anelídeos e alguns outros grupos menores. Por décadas, os filos Annelida e Arthropoda foram alocados em um grupo denominado Articulata (hipótese Articulata) por compartilharem a presença da segmentação do corpo (metamerização). Porém, a hipótese que parece ser a mais aceita pelos especialistas (hipótese Ecdysozoa) sugere que, no grupo Bilateria, podemos separar os animais protostômios em Lophotrocozoa (platelmintos, moluscos e anelídeos) e Ecdysozoa (nematódeos e artrópodes), conforme dados morfológicos e moleculares.

Entretanto, enquanto o conflito entre dados e análises moleculares e morfológicas não for resolvido, parece mais apropriado mantermos a visão tradicional para o estudo desses animais, principalmente quanto aos anelídeos e aos artrópodes. Assim, neste capítulo, não discutiremos as relações filogenéticas entre esses grandes grupos de animais protostômios. Ao final do capítulo, trataremos do último grupo animal bilateral considerado *invertebrado*, o qual se encontra na base do outro ramo: o Deuterostomia.

3.1 Anelídeos

O Filo Annelida (*annel* = anel) reúne cerca de 70 mil espécies descritas, conhecidas como *minhocas, sanguessugas* e *poliquetos*. O registro fóssil é vasto e sugere que seja um grupo surgido no Período Cambriano. São animais que ocorrem nos ambientes terrestres, dulcícolas e bentônicos marinhos, e a grande maioria das espécies é de vida livre. O tamanho varia de poucos milímetros até dezenas de centímetros de comprimento, e o formato do corpo é sempre vermiforme, constituído por muitos anéis ou segmentos (nem sempre visíveis externamente), ou seja, apresentam **metameria**. Esses segmentos distribuem-se ao longo de todo o corpo, longitudinalmente, e são estabelecidos ainda durante o desenvolvimento embrionário. Anelídeos são animais bilaterais, triblásticos celomados, cujo celoma é de origem esquizocélica. As cavidades celomáticas são separadas por segmento/anel, geralmente formando **septos intersegmentares**.

Como ilustra a Figura 3.1, boa parte do sistema nervoso está concentrada na região anterior ou cefálica, identificando-se órgãos sensoriais como **ocelos, papilas, cirros, antenas, gânglios cerebrais** e **cordão nervoso ventral**. A camada mais externa do corpo dos anelídeos é coberta por uma **cutícula** fina e de coloração iridescente (Ribeiro-Costa; Rocha, 2003). Ainda na epiderme, há estruturas rígidas quitinosas, de origem epidérmica, chamadas *cerdas*, cuja função é a locomoção. Em alguns anelídeos (em poliquetos), há projeções laterais carnosas chamadas **parapódios** (Figura 3.2).

Figura 3.1 – Morfologia interna dos anelídeos: (A) vista lateral da região anterior ou prostômio; (B) corte transversal da região mediana do corpo

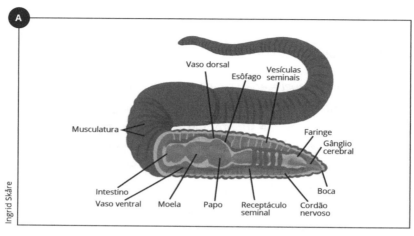

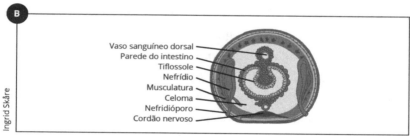

Figura 3.2 – Fotografia ampliada de parapódios laterais de poliquetos com diversas cerdas

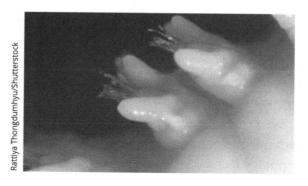

O sistema digestório é muscular e **completo**, portanto, com boca e ânus, e este se localiza em uma região chamada **pigídio**. Em geral, o sistema circulatório é **fechado**, e o sangue – pigmentado por **hemoglobina** – circula em vasos longitudinais e vasos de menor calibre nos segmentos. Na maioria das espécies, a excreção ocorre por pares de **metanefrídios**. Quanto à reprodução, podem ser dioicos ou hermafroditas, com gônadas definidas ou não. O desenvolvimento é indireto em espécies marinhas, por meio de uma larva chamada **trocófora**.

Conforme indicado nas Figuras 3.3 e 3.4, as linhagens evolutivas de Annelida formam três grupos principais – Polychaeta, Oligochaeta e Hirudinea (antiga Achaeta) –, provavelmente a partir de um ancestral vermiforme marinho e cavador de fundo lodoso (Fauchald; Rouse, 1997; Barnes; Ruppert; Fox, 2005). Evolutivamente, Oligochaeta e Hirudinea compõem um grupo de parentesco monofilético: Clitellata (Tanner, 2018).

Figura 3.3 – Cladograma simplificado com as relações filogenéticas entre as principais classes do Filo Annelida

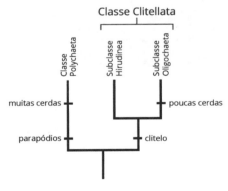

Fonte: Elaborado com base em Fauchald; Rouse, 1997; Gonzalez et al., 2017.

Figura 3.4 – Morfologia externa dos três grupos de anelídeos

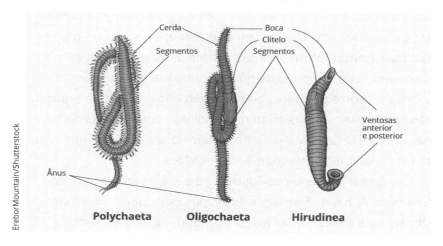

Figura 3.5 – Exemplos de anelídeos: (A) poliqueto *Hermodicce carunculata* (Classe Polychaeta); (B) minhoca-californiana *Eisenia fetida* (Subclasse Oligochaeta); (C) sanguessuga *Hirudo medicinais* (Subclasse Hirudinea)

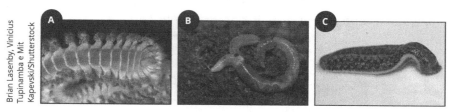

A Classe Polychaeta compreende os animais bentônicos vermiformes comuns na faixa entremarés, de praias e costões até grandes profundidades. O nome do grupo se deve à presença de muitas **cerdas** ou setas nas projeções laterais carnosas (parapódios). Apresentam grande diversidade morfológica e anatômica, e a morfologia externa é condizente com os aspectos ecológicos dos poliquetos. Há formas **errantes** (que se deslocam livremente sobre o substrato) e **tubícolas** (que habitam galerias ou tubos construídos do sedimento ao redor de seu corpo). As formas errantes apresentam sistema sensorial bem desenvolvido na região anterior; nos tubícolas, esse sistema é reduzido.

❓ Curiosidade

O poliqueto *Alvinella pompejana* é um animal colonial que vive em grandes profundidades (até 3 km) e em fontes de águas termais (até 300 °C). Para sobreviver nessas condições hostis, esses poliquetos secretam abrigo em forma de tubo, dentro do qual vivem entocados.

O agrupamento Clitellata geralmente é tratado como Classe Clitellata e inclui as subclasses Oligochaeta e Hirudinea, caracterizadas pela presença de uma estrutura anterior chamada **clitelo**. Em oligoquetos, o clitelo é um anel localizado sobre alguns segmentos anteriores, recobrindo-os. Comumente conhecidos como *minhocas*, os oligoquetos apresentam poucas e curtas cerdas, as quais emergem diretamente da parede do corpo. Apresentam hábito alimentar saprófita e são detritívoros, embora alguns sejam predadores. Têm hábito de vida terrestre. A eficiência do hábito cavador é resultante de um **sistema esquelético hidrostático**, o qual permite a alternância entre a contração da musculatura longitudinal e a circular da parede do corpo. Tais contrações alternadas promovem o **peristaltismo**, ou seja, um movimento de ondas peristálticas que modificam o comprimento e o diâmetro dos segmentos.

O famoso papel ecológico das minhocas é associado à produção de **húmus**, às galerias de ar que formam no solo e à drenagem de água resultante dessas galerias, evitando a lixiviação do solo. Oligoquetos são hermafroditas, e a reprodução ocorre por **fecundação cruzada** (Figuras 3.6 e 3.7). Em um primeiro momento, os espermatozoides (gametas masculinos) são trocados entre os dois indivíduos. Logo, após a formação da secreção mucosa do **casulo** feita pelo clitelo, os óvulos (gametas femininos) são depositados. O desenvolvimento do embrião ocorre dentro desse casulo, e não há estágio larval.

Figura 3.6 – Sistema reprodutivo hermafrodita (vista ventral da região anterior) das minhocas

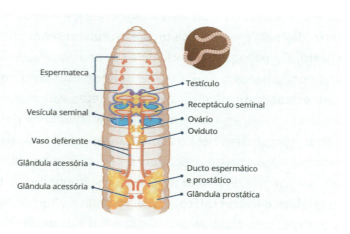

Figura 3.7 – Fotografia da fecundação cruzada entre duas minhocas monoicas

Por fim, hirudíneos compreendem as sanguessugas, animais predominantemente dulcícolas cujas características evolutivas são consideradas bem especializadas. Conhecidas pelo hábito alimentar hematófago de muitas espécies, as sanguessugas apresentam como características exclusivas: **ventosas anterior** (menor) e **posterior** (maior), número fixo de segmentos, perda dos septos intersegmentares, redução do volume da cavidade celomática, glândulas salivares com substância anticoagulante e ausência de cerdas e de parapódios. A hematofagia é possível graças à simbiose com bactérias intestinais para a digestão do sangue (Chudzinski-Tavassi; Chudzinski-Tavassi; Alvarez, 2018). Além das espécies ectoparasitas que se alimentam de sangue, há espécies carnívoras. São hermafroditas, e o desenvolvimento é direto.

❓ Curiosidade

Você saberia dizer qual é o maior animal hematófago/sanguívoro?
Não, não é o morcego-vampiro-comum (*Desmodus rotundus*, Mammalia); ele tem cerca de 8 cm de tamanho cabeça-corpo e cerca de 40 g de massa. O maior animal hematófago é a sanguessuga amazônica *Haementeria ghilianii* (Hirudinea, Annelida), que pode chegar a 46 cm de comprimento e 80 g de massa corpórea. Ambas as espécies hematófagas se alimentam, predominantemente, de sangue de mamíferos de grande porte. A primeira é capaz de ingerir até 75% de seu peso em sangue; já a segunda ingere até 400%!

3.2 Artrópodes

O Filo Arthropoda (*arthron* = articulação; *poda* = perna) constitui o maior grupo animal, com mais de 1 milhão de espécies registradas, o que corresponde a 75% de todas as espécies animais já descritas. São amplamente notados no registro fóssil, desde o Pré-Cambriano. Acredita-se que a conhecida Fauna de Ediacara, de cerca de 600 milhões de anos atrás, foi a primeira explosão de espécies dos artrópodes (Lin et al., 2006). Insetos, aranhas, caranguejos, escorpiões, centopeias e ácaros são alguns de seus vastos e abundantes representantes. Em Arthropoda, indivíduos imaturos e adultos de uma mesma espécie podem apresentar *habitat*, hábito alimentar, comportamento, adaptações locomotoras etc. muito diferentes. Essa diversidade ecológica foi um dos fatores que resultaram no grande sucesso evolutivo do grupo.

Em vários níveis da evolução do grupo, ocorreu um processo de **tagmatização** ou **tagmose** do corpo por uma tendência de diferenciação ou fusão de metâmeros/segmentos (Figura 3.8). Logo, os **tagmas** dão origem a uma divisão do corpo em padrões como cabeça e tronco; cabeça, tórax e abdômen; cefalotórax e abdômen. Para recobrir externamente esses tagmas, a epiderme secreta um exoesqueleto rígido (espesso ou fino) e quitinoso, em placas do corpo ligadas por meio de membranas. Assim, observa-se um **exoesqueleto** duro, articulado e esclerotizado. A cutícula com quitina não se restringe à camada externa do corpo, revestindo também alguns órgãos de diversos artrópodes. Os **apêndices** são estruturas anatômicas que se projetam dos tagmas. Embora o nome do grupo sugira, não são apenas os apêndices locomotores (pernas) dos artrópodes que são articulados; há vários tipos de apêndices articulados (antenas, antênulas, mandíbulas, maxilas, quelíceras, pedipalpos e outros), distribuídos nos diferentes tagmas.

Figura 3.8 – Tagmas em larva (imaturo) e em adulto da mosca-da-fruta *Drosophila* sp.

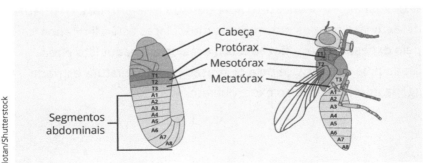

Fonte: Gilbert, 2003, p. 545.

Figura 3.9 – Morfologia externa de uma abelha adulta (vista lateral), com a divisão do corpo (cabeça, tórax e abdômen) e os apêndices articulados

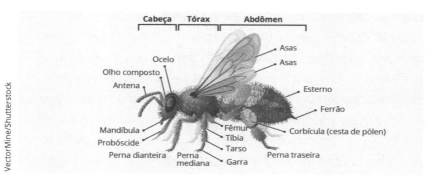

Além da já citada diversidade ecológica, o exoesqueleto quitinoso promove proteção à predação e à dessecação. No entanto, apesar de o **exoesqueleto** rígido limitar o crescimento do indivíduo, essa dificuldade foi resolvida por meio da **muda**, ou **ecdise** (Figura 3.10). Trata-se de processos de troca periódica do exoesqueleto, quando este se torna justo ao corpo do animal, como podemos ver no Gráfico 3.1, a seguir. Uma série de dispositivos hormonais estão associados ao mecanismo. Após a troca do exoesqueleto, a "armadura" abandonada pelo animal é chamada de **exúvia**. Como os movimentos musculares estão limitados pelo exoesqueleto, a flexão das placas do exoesqueleto é realizada pela contração e pela distensão da musculatura estriada ligada internamente ao exoesqueleto.

Gráfico 3.1 – Comparação da taxa de crescimento de artrópodes e de outros animais (gráfico simplificado); nos artrópodes, o exoesqueleto causa um crescimento descontínuo

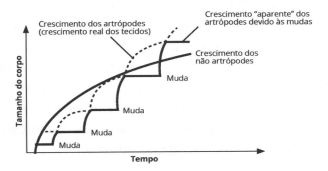

Fonte: Brusca; Brusca, 2007, p. 502.

Figura 3.10 – Cigarra durante o processo de ecdise ou muda

O sistema digestório é completo, e os **apêndices** da região anterior são adaptados ao tipo de alimentação. O intestino é dividido em região **estomodeal** (anterior) e região **proctodeal** (posterior), ambas revestidas com quitina. O sistema nervoso

segue o padrão evolutivo semelhante ao dos anelídeos, com gânglio dorsal conectado a gânglios ventrais. Os artrópodes apresentam diversas modificações de órgãos sensoriais, como **cerdas** sensoriais, **antenas** e **olhos compostos**, presentes em alguns grupos, como ilustra a Figura 3.11, a seguir. O sistema sanguíneo é formado por vasos, um coração e uma **hemocele**. O coração bombeia o sangue ou **hemolinfa** para os tecidos por meio dos vasos. Já os sistemas excretor e respiratório sofreram grandes adaptações e modificações nos diferentes grupos de artrópodes associadas ao hábito de vida; por isso, abordaremos esses sistemas quando tratarmos dos grupos.

Figura 3.11 – Exemplos de órgãos sensoriais de artrópodes:
(A) vista frontal da mosca mutuca *Tabanus abdominalis*;
(B) detalhe dos olhos compostos da mosca mutuca *Tabanus* sp. (aumento de 50x); (C) olhos compostos, cerdas sensoriais e antenas de abelha; (D) olhos e cerdas sensoriais da aranha-saltadora; (E) olhos e antenas do camarão-fogo *Lysmata debelius*

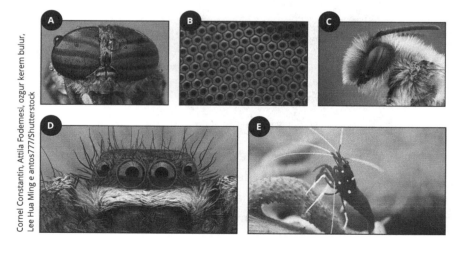

Há várias propostas de sistemática para o Filo Arthropoda. As mais aceitas atualmente dividem os artrópodes recentes em Chelicerata (grupos menores e Aracnhida: escorpiões, aranhas e ácaros) e Mandibulata (grupos menores: crustáceos, miriápodes e insetos). O grupo Chelicerata (*cheli* = quelícera) compreende cerca de 100 mil espécies descritas cuja característica diagnóstica é a presença do primeiro par de apêndices modificados em **quelíceras** e o segundo par em **pedipalpos**. Por sua vez, Mandibulata é o grupo mais rico em espécies, com mais de 900 mil, cujo terceiro par de apêndices é modificado em **mandíbulas**, além de apresentarem **antenas** e **maxilas**.

Figura 3.12 – Cladograma simplificado do Filo Arthropoda

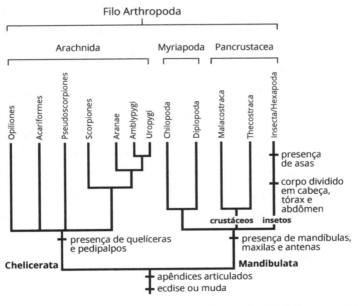

Fonte: Elaborado com base em Giribet; Edgecombe, 2019; Dunn et al., 2014.

A Classe Arachnida é bem modificada morfologicamente. Filogenias moleculares não consideram o grupo como monofilético, ou seja, é possível que haja várias origens em comum. De qualquer forma, podemos considerar cerca de 95 mil espécies de aracnídeos descritas, que ocupam os mais diferentes nichos ecológicos e ambientais e habitam regiões desertificadas, aquáticas, florestais, rochosas, entre outras. A característica diagnóstica é o corpo dividido em **prossoma** (cefalotórax) e **opistossoma** (abdômen), um par de **quelíceras**, um par de **pedipalpos** e quatro pares de pernas articuladas locomotoras (Figura 3.13). Asas e antenas são ausentes. Modificações e adaptações nos sistemas respiratório, excretor e locomotor, além de adaptações no controle da perda d'água e nas estratégias alimentares, geraram vantagens e possibilitaram a colonização do ambiente terrestre. A respiração em espécies aquáticas ainda é branquial (assim como o ancestral marinho), porém espécies terrestres apresentam **pulmões foliáceos** ou um **sistema traqueal**. Quanto à eliminação das excretas nitrogenadas em ambiente terrestre, guanina, xantina e ácido úrico passam a ser eliminados por estruturas homólogas aos metanefrídios, as **glândulas coxais** e os **túbulos de Malpighi** (Figura 3.15). Quanto às estratégias alimentares, a maioria dos aracnídeos é carnívora e inicia a digestão extracorporeamente, isto é, regurgitam enzimas digestivas sobre sua presa e, paulatinamente, ingerem o suco alimentar formado do alimento pré-digerido.

Figura 3.13 – Morfologia externa da aranha tarântula (Aranae)

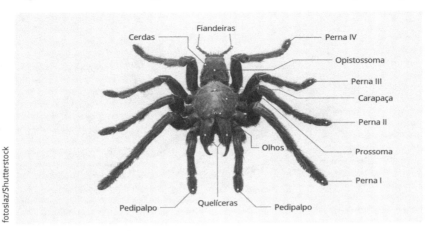

As relações filogenéticas entre os grupos de aracnídeos ainda são incertas, afinal, trata-se de organismos megadiversos. Porém, é provável que estejam divididos em Scorpiones (escorpiões), Aranae (aranhas), Acariformes (ácaros e carrapatos) e outros grupos menos representativos, como Pseudoscorpiones (pseudoescorpiões), Uropygi (escorpiões-vinagre), Amblypygi (amblipígios) e Opiliones (opiliões). Como podemos ver na Figura 3.14, escorpiões apresentam **quelíceras** e **pedipalpos** quelados – em formato de pinça – na porção anterior e um **aguilhão** com glândula de veneno na porção posterior terminal.

Figura 3.14 – Morfologia externa de escorpião preto (Scorpiones)

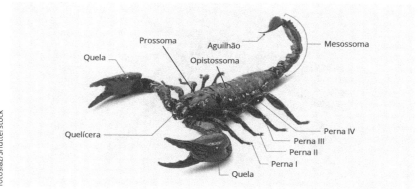

As aranhas podem ocupar ambientes aquáticos e terrestres, e a maioria tem hábito sedentário. São capazes de projetar e arquitetar uma **teia**, secretada pelas **fiandeiras**. Embora nem todas as aranhas produzam teias, algumas servem apenas para a reprodução, enquanto outras são tecidas para servir como uma armadilha para capturar presas. O sistema sensorial das aranhas é composto por **olhos** (até oito) simples e **cerdas** sensoriais capazes de perceber até pequenos deslocamentos de ar. Famosas por serem peçonhentas, as **quelíceras** queratinizadas das aranhas servem como inoculadoras do **veneno** produzido pela **glândula de veneno** (geralmente um par) localizada no **prossoma** (cefalotórax). Até o momento, há cerca de 45 mil espécies de aranhas descritas. Aranhas como tarântula (*Lycosa* sp.), aranha-marrom (*Loxosceles* sp.), viúva-negra (*Latrodectus* sp.) e aranha-armadeira (*Phoneutria* sp.) apresentam importância médica, uma vez têm venenos poderosos e estão, de alguma forma, associadas à espécie humana.

Figura 3.15 – Corte longitudinal (vista lateral) do sistema excretor e digestório de quelicerados (exemplo de uma aranha)

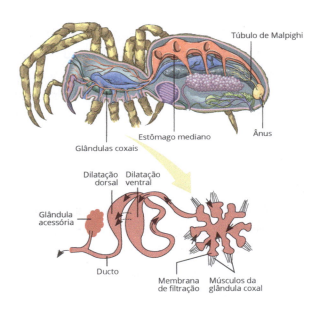

Figura 3.16 – Fotografia da região anterior (prossoma) de *Araneus diadematus* (vista ventral), com pedipalpos, quelíceras e a inserção das oito pernas articuladas no prossoma

Ácaros e carrapatos apresentam diversas adaptações comportamentais, morfológicas e fisiológicas para outros hábitos alimentares: herbivoria, detritivoria e, principalmente, hematofagia (ectoparasitas). Há cerca de 40 mil espécies descritas, sendo que a grande maioria apresenta tamanho do corpo com cerca de alguns milímetros, fusão prossoma-opistossoma e estrutura anterior do corpo especializada para o hábito alimentar. Algumas espécies parasitas podem ter importância para a saúde humana e veterinária, como os ácaros, a exemplo do cravo-de-pele (*Demodex foliculorum*) e do ácaro-de-colchão (*Dermatophagoides* sp.), e o carrapato-estrela (*Amblyomma cajennense*).

Figura 3.17 – Representantes do Chelicerata: (A) opilião (Opiliones); (B) carrapato-estrela *Amblyomma cajennense* (acariformes); (C) pseudoescorpião (Pseudoscorpiones); (D) aranha-chicote ou amblipígio (Amblypygi); (E) escorpião-vinagre (Uropygi); (F) aranha-marrom *Loxosceles* sp. (Aranae); (G) escorpião-amarelo *Tityus serrulatus* (Scorpiones) com filhotes na região dorsal

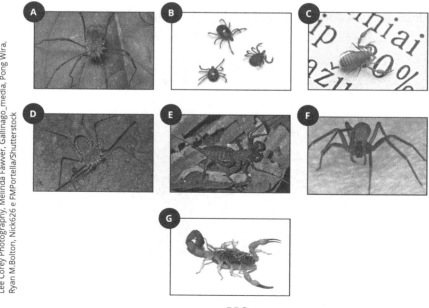

Já tratamos dos principais grupos de Chelicerata. Vejamos agora os principais grupos de Mandibulata. Em estudos morfológicos e moleculares, Mandibulata pode ser dividido em dois clados/grupos: Myriapoda (piolhos-de-cobra e lacraias/centopeias) e Pancrustacea (crustáceos e insetos).

Myriapoda (*myriad* = dez mil; *poda* = pés) contempla Diplopoda e Chilopoda, além de outros grupos menos representativos. Tais animais apresentam corpo dividido em dois tagmas: **cabeça** e **tronco**, cujos segmentos são todos semelhantes entre si e têm apêndices, exceto os dois últimos. A maior parte dos miriápodes necessita de um *habitat* úmido (maioria terrestre), uma vez que carece de um revestimento ceroso que evitaria o excesso de perda d'água. Na região anterior, há uma **cápsula cefálica** esclerotizada, um par de antenas, mandíbulas articuladas com movimento transversal; pode ou não haver ocelos. Além dessas características, os miriápodes têm um tronco com muitas pernas ambulatórias, um par por segmento em Chilopoda ou dois pares em Diplopoda. A excreção é realizada por um par de **túbulos de Malpighi**, e o sistema nervoso é ganglionar. Os **órgãos de Tömösvary** são estruturas localizadas na base da **antena** que podem ter veneno e que, provavelmente, têm função sensorial. Quanto à reprodução, são dioicos com transmissão indireta de gametas e desenvolvimento direto ou indireto.

O grupo Chilopoda apresenta cerca de três mil espécies, conhecidas como *lacraias* ou *centopeias*. São animais longos (de 15 a 181 segmentos com pernas) e achatados dorsoventralmente, chegando a cerca de 30 cm de comprimento. Na região anterior, apresentam um par de pernas modificadas em garras grandes e venenosas chamadas **forfículas**, utilizadas para a captura de presas. Na extremidade da região posterior, há um apêndice alongado com função sensorial. As trocas gasosas são realizadas pelo sistema traqueal.

Figura 3.18 – Lacraia ou centopeia (Chilopoda)

Figura 3.19 – Vista lateral da região anterior de Chilopoda

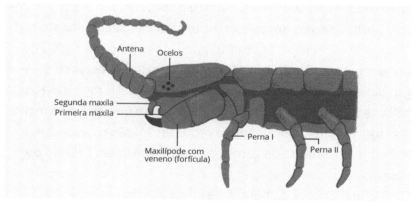

Por sua vez, o grupo Diplopoda tem aproximadamente 10 mil espécies descritas, conhecidas como *piolhos-de-cobra*. Apresentam corpo cilíndrico e alongado, com até 100 segmentos, e entre 2 mm e 30 cm de comprimento. A maioria se alimenta de material vegetal em decomposição, e outras espécies são

carnívoras. Uma característica morfológica que surgiu posteriormente na evolução do grupo dos miriápodes foi um corpo dividido em três regiões: **cabeça**, **tórax** e **abdômen**. A cabeça está localizada ventralmente, e o primeiro par de maxilas fundidos forma uma estrutura chamada **gnatoquilária**.

Figura 3.20 – Piolho-de-cobra (Diplopoda)

Figura 3.21 – Vista lateral da região anterior de Diplopoda

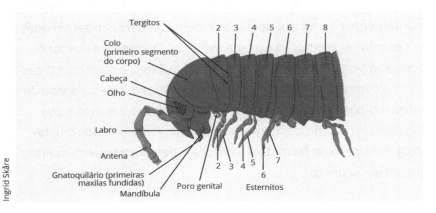

Os crustáceos (Pancrustacea) compreendem um grupo cujo exoesqueleto é composto de uma cutícula dura (*crusta* = casca, crosta) (Abele, 1982; Williamson, 1982). São representantes: siris, caranguejos, cracas, tatuzinhos-de-jardim, camarões, além de grupos menores e menos conhecidos, como copépodes, branquiúros e ostrácodes. São reconhecidas e descritas cerca de 50 mil espécies, de microscópicas até vários metros de comprimento, a maioria de vida livre. Assim como outros artrópodes, o corpo é segmentado e há pernas e outros apêndices articulados, porém o padrão da estrutura do corpo é muito diversificado. A maioria apresenta oito apêndices torácicos e seis abdominais. Essa diversificação foi crucial para o sucesso evolutivo do grupo, pois lhe permitiu que ocupasse diferentes ambientes e utilizasse os mais distintos recursos e estratégias alimentares. Portanto, os crustáceos podem ser terrestres, aquáticos ou viver enterrados; podem nadar, perfurar madeira, rastejar, escavar, fixar-se, caçar, filtrar e parasitar. Apresentam três pares de peças bucais primárias (um par de **mandíbulas** e dois pares de **maxilas**); alguns grupos também têm peças bucais acessórias (**maxilípodes**).

A região da cabeça pode conter olhos compostos laterais, olhos pedunculados e/ou ocelos medianos. No cefalotórax, predominantemente não há segmentação externa; já o tronco geralmente apresenta segmentação externa evidente. O sistema excretor é formado por glândulas antenais e/ou maxilares, e o sistema digestório é completo. As trocas gasosas são realizadas pela parede do corpo ou por brânquias, e o sistema circulatório é aberto e usa hemocianina como pigmento respiratório. A maioria dos crustáceos é dioica, com fecundação interna e desenvolvimento indireto (maioria) ou direto.

Figura 3.22 – Vista ventral do corpo de crustáceo

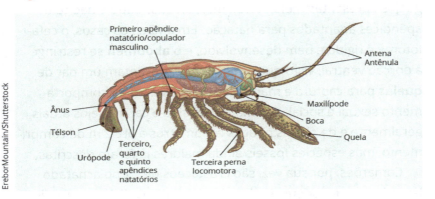

Figura 3.23 – Vista lateral do sistema respiratório de crustáceo

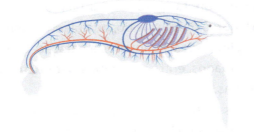

Entre as várias linhagens de crustáceos existentes, vamos tratar dos maiores agrupamentos: Malacostraca e Thecostraca. Malascostraca compreende siri, caranguejo, camarão, tatuzinho-de-jardim, baratinha-da-praia e anfípode. Siris têm hábito semiaquático e, para tanto, apresentam apêndices posteriores (**pereópodes**) modificados em remos, facilitando a natação. Embora comumente confundidos com caranguejos, o **cefalotórax** de siris é mais achatado dorsoventralmente e comumente contém **projeções laterais** ou **espinhos**. Os caranguejos apresentam cefalotórax mais arredondado e não têm apêndices adaptados para natação. Em ambos os casos, o cefalotórax é rígido e bem desenvolvido, e o **abdômen** se restringe à porção ventral, visto que é reduzido. Apresentam um par de **quelas** para captura e manipulação do alimento e comportamento sexual e social. O tamanho de siris e caranguejos atuais geralmente é de alguns poucos centímetros a até 2 m de comprimento, mas espécies fósseis ainda maiores já foram descritas.

Camarões, por sua vez, são crustáceos de corpo achatado lateralmente e podem ser de tamanho microscópico ou medir até alguns poucos centímetros. Apresentam **cefalotórax** rígido ou delicado, com apêndices locomotores (**pereópodes**) geralmente com pequenas **quelas** para auxiliar na manipulação do alimento. O **abdômen** é desenvolvido, articulado e com apêndices locomotores (**pleópodes**) adaptados à natação. Os órgãos dos sentidos são variados, entre eles, **olhos pedunculados, antênulas** e **antenas**.

Siris, caranguejos e camarões compreendem cerca de 10 mil espécies, várias com grande importância ecológica e/ou econômica. Tatuzinhos-de-jardim e baratinhas-da-praia são crustáceos malacóstracos terrestres de vida livre encontrados em folhiços úmidos e sobre rochas de costões rochosos respectivamente.

Figura 3.24 – Exemplos de crustáceos Malacostraca (Pancrustacea): (A) siri-azul (*Callinectes sapidus*); (B) caranguejo-uca (*Uca* sp.); (C) tatuzinho-de-jardim; (D) camarão

Já Thecostraca (lepas e cracas) abrange crustáceos sésseis e com **concha** (ou **capítulo**) calcária quando adultos, essencialmente para proteção. Tais seres têm um corpo delicado contido dentro da concha. Há cerca de 10 mil espécies descritas, a maioria fixa ao substrato rochoso, associada ao ambiente marinho. Os **cirros torácicos** são longas projeções que, na maior parte do tempo, ficam repousadas dentro da concha. No entanto, quando alimentos são trazidos com a água, já que são sésseis, os cirros são arremessados para fora do corpo.

Figura 3.25 – Exemplos de crustáceos Theoscatraca (Pancrustacea): à esquerda, craca aberta projetando os cirros torácicos; à direita, colônia de lepa (*Lepa* sp)

Por fim, os insetos são o grupo de animais mais bem-sucedido evolutivamente. Apresentam o maior número de espécies descritas, a maior abundância nos mais distintos ambientes e a maior distribuição geográfica (Daly et al., 1978; Triplehorn; Johnson, 2005; Brusca; Moore; Shuster, 2018). Na grande maioria dos insetos, o corpo mede alguns poucos centímetros, embora haja registros de libélulas fósseis (ex.: *Meganeuropsis permiana*) de cerca de quase 1 m de envergadura de asa. Os insetos têm corpo dividido em **cabeça**, **tórax** e **abdômen** e três pares de pernas articuladas.

Além dos apêndices articulados comuns a outros Arthropoda e das mandíbulas comuns a outros Mandibulata, têm apêndices torácicos cujo tegumento tem expansões, as **asas**. Estas, quando presentes, podem ser delicadas (membranosas) ou coriáceas (rígidas) e são articuladas dorsalmente com a região anterior e posterior da superfície dorsal do tórax. A função predominante das asas é o deslocamento no ambiente, mas também estão relacionadas com comportamento sexual e social, com estratégias de captura de alimento etc. Insetos podem apresentar um ou dois pares de asas ou, evolutivamente, podem ter perdido as asas posteriormente.

O **exoesqueleto** com cutícula é dividido em camada externa (com **quitina**, pigmentos e outras substâncias), epiderme e membrana basal. O sistema digestório é completo e especializado, com diversas adaptações do aparelho bucal ao respectivo hábito alimentar. Essas características culminaram em uma ampla forma e recursos de alimentação. A maioria das peças bucais dos insetos é do tipo mastigador ou sugador. O sistema circulatório é aberto, e as trocas gasosas são realizadas por meio de um sistema traqueal com tubos e traqueias. Estas se abrem externamente pelos **espiráculos** ou **estigmas** ou em brânquias em alguns insetos aquáticos. A excreção é realizada por **túbulos de Malpighi**.

Figura 3.26 – Esquema geral do corpo de insetos

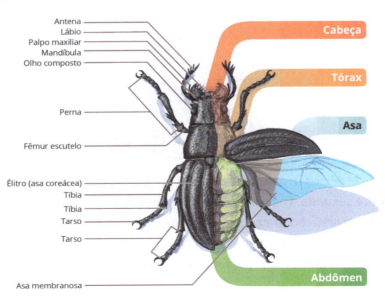

furryclown/Shutterstock

Figura 3.27 – Vista frontal de asa membranosa (um par) e coriácea (um par) de joaninha (Ordem Coleoptera, Classe Insecta)

Figura 3.28 – Vista frontal de asa membranosa (um par) de mosca (Ordem Diptera, Classe Insecta)

As espécies usualmente são dioicas, e a reprodução é geralmente sexuada. O desenvolvimento dos indivíduos também sofreu grande adaptação e apresenta bastante diversidade, por meio de um mecanismo de crescimento que envolve **mudas** periódicas, em uma **metamorfose**. Isto é, durante o desenvolvimento pós-embrionário, a maioria dos insetos muda sua forma, para que possa crescer e aumentar seu volume corporal dentro de um exoesqueleto rígido. Outros artrópodes também podem ser capazes de sofrer metamorfose, mas nos insetos ela é mais drástica. Isso ocorre porque o estágio anterior e o próximo estágio podem ser muito diferentes do ponto de vista ecológico e morfológico. Cada fase do desenvolvimento, em um mesmo estágio, é chamada de **ínstar**. Além disso, a metamorfose nos insetos, quando presente, está diretamente ligada ao crescimento das asas e do aparelho reprodutor. O ponto de partida que desencadeia o fenômeno da metamorfose e da ecdise são os hormônios, como vimos anteriormente neste capítulo.

Portanto, podemos dividir os insetos quanto ao processo de metamorfose em ametábolos, hemimetábolos e holometábolos. Nos **ametábolos**, não há uma drástica mudança no desenvolvimento pós-embrionário; logo, indivíduos imaturos são menores que os adultos e têm características ecológicas e morfológicas muito semelhantes às dos adultos. Portanto, podem ser considerados com desenvolvimento direto; como exemplo, podemos citar as traças-de-livro. Nos **hemimetábolos**, ocorre um estágio de desenvolvimento intermediário, ou seja, metamorfose parcial ou incompleta. Em gafanhotos, baratas, percevejos e libélulas, o ovo eclode para um estágio intermediário chamado de **ninfa** (ambiente terrestre ou aéreo) ou **náiades** (ambiente aquático). Nos **holometábolos**, a metamorfose é total; apresentam, pois, desenvolvimento indireto. Em quase 90% das espécies de insetos, a partir do ovo eclode um estágio de **larva** (com um ou mais ínstares) e, posteriormente, um estágio de **pupa** e de adulto.

Figura 3.29 – Tipos de metamorfose dos insetos

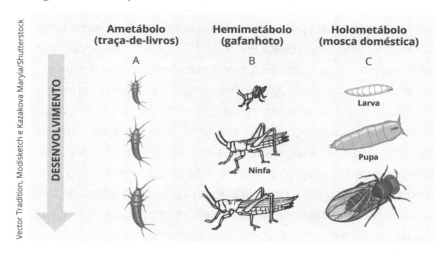

Figura 3.30 – Metamorfose completa da borboleta-monarca *Danaus plexippus* (Ordem Lepidoptera)

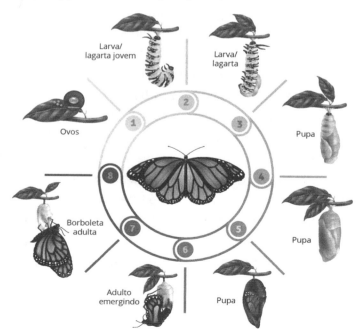

Embora a classificação taxonômica do grupo dos insetos seja ainda incerta por ser um grupo biodiverso, é possível alocá-los na categoria taxonômica *ordem* com relativa segurança. Trataremos dos *taxa* mais representativos. A **Ordem Orthoptera** inclui cerca de 20 mil espécies, entre gafanhotos, grilos, esperanças e paquinhas. A **Ordem Hemiptera** compreende cerca de 70 mil espécies, entre percevejos, cigarras, cigarrinhas, pulgões e cochonilhas. Já a **Ordem Lepidoptera** inclui mais de 120 mil espécies de borboletas e mariposas. A mais representativa é a **Ordem Coleoptera**, a qual abrange mais de 300 mil espécies descritas de besouros, vagalumes e pirilampos. A mais especializada é a **Ordem Diptera**, de moscas, pernilongos, borrachudos e mutucas, chegando a cerca de 150 mil espécies. Por fim, a **Ordem Hymenoptera** inclui cerca de 120 mil espécies, entre abelhas, formigas e vesgas.

Figura 3.31 – Exemplos de representantes (adultos e imaturos) de insetos de diversas ordens

Quanto à importância ecológica dos artrópodes, podemos citar a polinização das plantas cultiváveis e não cultiváveis, a decomposição de matéria orgânica, a herbivoria (servir de alimento para inúmeras espécies animais, inclusive o homem), os bioindicadores, entre outros. Aspectos dos artrópodes são comumente empregados em diversos ramos da engenharia e da tecnologia, como os padrões e a composição química das teias das aranhas, o *design* das asas, o padrão das galerias dos cupinzeiros e dos formigueiros. Tais seres também são vetores ou causadores de diversas doenças em plantas e animais, por isso têm importância para a saúde pública e a agropecuária e, portanto, para a economia.

3.3 Equinodermos

Como mencionamos no início deste capítulo, do ponto de vista filogenético, é possível dividir os animais bilaterais em dois grandes grupos: Deuterostomia e Protostomia. Até agora, neste livro, abordamos os animais cujo blastóporo – durante o período embrionário – dá origem à boca, portanto, protostômios.

Equinodermos são triblásticos **deuterostômios**, ou seja, o **blastóporo** dá origem primeiramente ao **ânus**. Posteriormente, se houver uma segunda cavidade, dará origem à boca. Os equinodermos estão incluídos no Filo Echinodermata (*echinos* = espinhos; *derma* = pele), e seus representantes são estrelas-do-mar, bolachas-da-praia, ouriços-do-mar, lírios-do--mar, serpentes-do-mar e pepinos-do-mar. São comuns os registros fósseis desses animais a partir do Período Cambriano (500 milhões de anos atrás), como o do gênero fóssil australiano *Arkarua* sp. São animais marinhos essencialmente bentônicos, de regiões rasas ou de grandes profundidades. Conhecemos cerca de 7 mil espécies de equinodermos viventes, em um grupo monofilético, uma vez que apresentam novidades evolutivas exclusivas. Entre essas características exclusivas, destacam-se o sistema pentarradial, o sistema ambulacral e o tecido conectivo mutável.

Segundo o estudo de fósseis, acredita-se que a **simetria pentarradial** tenha sido originada de equinodermos sésseis e bilaterais. Logo, a simetria pentarradial é uma característica que surgiu em Echinodermata, secundariamente no grupo Bilateria. A característica da pentarradialidade indica que o plano corpóreo segue um padrão de braços em números múltiplos de cinco. O deslocamento, assim, pode ser realizado para qualquer direção, e não predominantemente para a frente, como em animais bilaterais. O desenvolvimento é indireto, uma vez que há uma **larva bilateral** (do tipo bipinária). O **sistema ambulacral** ou **sistema aquífero** é um conjunto coeso e bem organizado de canais que se projetam para o meio externo, realizando principalmente captura de alimento, excreção, trocas gasosas e locomoção. A entrada de água nesse sistema acontece por uma placa porosa chamada **madreporito**. Na derme, o **tecido conectivo mutável** é um tecido conjuntivo capaz de modificar-se rapidamente, passando de rígido a maleável, por controle nervoso, o que proporciona proteção e flexibilidade.

Figura 3.32 – Sistema ambulacral em estrelas-do-mar

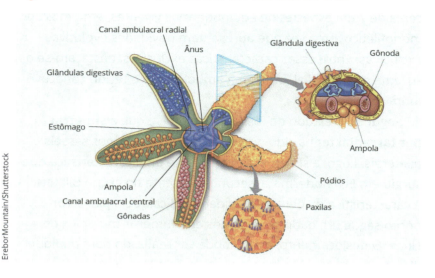

Figura 3.33 – Detalhe dos pódios em uma estrela-do-mar

A morfologia do corpo dos equinodermos é bem variável. Em muitas espécies, há um esqueleto mesodérmico calcário formado de ossículos na derme. O sistema nervoso subepidérmico se estrutura em anéis na região oral (**anel circum-esofágico**), da qual se projetam cinco cordões principais e nervos difusos ao longo de cada ambulacro. As demais funções sensoriais estão associadas aos **pódios** do sistema ambulacral. Sobre a reprodução, geralmente são animais dioicos sem dimorfismo sexual, e a fecundação é externa. Quanto à relação filogenética, o grupo pode ser dividido em Crinoidea, Ophiuroidea, Asteroidea, Holothuroidea e Echinoidea (Erkenbrack; Thompson, 2019).

Figura 3.34 – Cladograma simplificado dos grupos do Filo Echinodermata

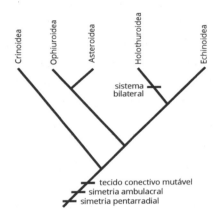

Fonte: Elaborado com base em Erkenbrack; Thompson, 2019.

Figura 3.35 – Exemplos de equinodermos: (A) lírio-do-mar (Crinoidea); (B) ofiúro ou serpente-do-mar (Ophiuroidea); (C) estrela-do-mar (Asteroidea); (D) pepino-do-mar (Holothuroidea); (E) equinoide ou ouriço-do-mar (Echinoidea)

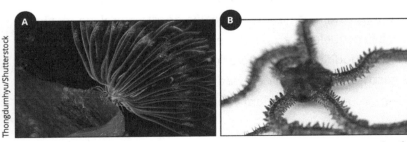

(continua)

(Figura 3.35 – conclusão)

Em Crinoidea estão agrupadas cerca de 700 espécies de lírios-do-mar. Por serem animais da base evolutiva dos equinodermos, crinoides apresentam muitas características semelhantes aos equinodermos primitivos. Entre estas, o corpo globoso apresenta um **pedúnculo**, ou **cirros**, que permitem a fixação ao substrato, o qual geralmente é o fundo oceânico. A boca e os **sulcos ambulacrais** estão voltados para cima, circundados por dezenas de **braços** alongados ramificados (**pínulas**), múltiplos de cinco. O madreporito é ausente, e os pódios são bem reduzidos.

Em Asteroidea estão as estrelas-do-mar, as quais são vágeis, com 5 a 50 braços de tamanho variado, os quais partem de um disco central, além de apresentarem boca ventral e grandes sulcos ambulacrais ventrais. A locomoção ocorre por meio dos bem desenvolvidos pódios do sistema ambulacral. Apesar de lentos, alguns animais são excelentes predadores, e outros são onívoros ou filtradores. O **madreporito** e o ânus, quando presentes, estão localizados na região oposta à oral, na região aboral. O esqueleto calcário apresenta **tubérculos** e **espinhos** externos modificados ou não em **pedicelárias** e **paxilas**. As trocas gasosas ocorrem por difusão da superfície do corpo, quando a água circundante entra em contato com as **pápulas**. Um grupo semelhante ao das estrelas-de-mar é o Ophiuroidea, que compreende cerca de 2 mil espécies. Os ofiúros ou serpentes-do-mar igualmente apresentam padrão corporal com um disco central, porém os braços são mais longos e finos e com ossículos internos flexíveis. A boca também é voltada para o substrato, o madreporito está próximo à boca, e o ânus é ausente. Já na superfície aboral ou dorsal, há numerosas placas calcárias e, em algumas espécies, numerosos espinhos. A alimentação pode ser suspensívora, detritívora e onívora.

Em Echinoidea estão ouriços-do-mar e bolachas-da-praia, animais vágeis esféricos ou achatados, respectivamente. São cerca de 950 espécies encontradas geralmente em contato com o substrato, enterradas ou não. Os braços são ausentes, e há presença de uma **carapaça** rígida formada por placas calcárias fusionadas, em simetria pentarradial, recobertas por inúmeros espinhos articulados. Os **pódios** do sistema ambulacral apresentam ventosas. Na região oral, pode haver uma estrutura raspadora, a **lanterna de Aristóteles**, formada por cinco placas grandes com ossículos e músculos responsáveis pela ingestão e pela trituração de alimentos. Em ouriços-do-mar, a lanterna é bem desenvolvida e, nas bolachas-da-praia, é pequena e achatada. Além da alimentação, a lanterna de Aristóteles ajuda nas trocas gasosas. A dieta consiste de algas, presas sésseis e detritos. As **pedicelárias** em equinoides têm a forma de pinças e são responsáveis pela defesa, pela limpeza e pela apreensão do alimento.

Figura 3.36 – Lanterna de Aristóteles de equinoides

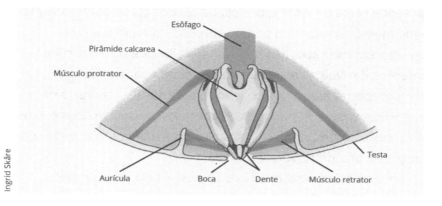

Figura 3.37 – Região bucal (ventral) da parte externa da lanterna de Aristóteles

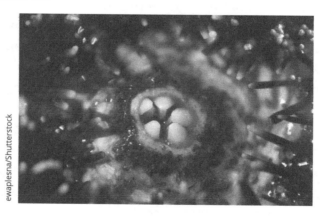

Considerado grupo-irmão de Echinoidea, o agrupamento Holothuroidea apresenta cerca de 1.300 espécies de pepinos--do-mar. O padrão corporal destes é um corpo cônico alongado, seguindo uma simetria bilateral. A parede do corpo não é rígida, já que há um pequeno desenvolvimento calcário, e o **tecido conectivo mutável** é bem desenvolvido. Os braços são ausentes, porém, ao redor da região oral, há vários **tentáculos orais**. O madreporito está situado dentro da cavidade do corpo. Os **pódios** são curtos – o que faz a locomoção ser lenta – e localizados na região ventral ou trívio, e as **papilas** estão na região dorsal ou bívio. O sistema digestório termina em uma região ampla chamada **cloaca**.

Os equinodermos têm importância ecológica sob diversos aspectos, sendo inclusive empregados como espécies indicadoras de condições ambientais. Também são importantes consumidores secundários da cadeia trófica marinha, além de servirem de alimento para diversos outros animais, até para seres humanos (principalmente os pepinos-do-mar).

Síntese

Neste terceiro capítulo, vimos que as características compartilhadas entre artrópodes e anelídeos constituem um argumento forte para a hipótese de um ancestral comum protostômio, segmentado e celomado. No entanto, ainda estão em debate as relações filogenéticas entre artrópodes e anelídeos e outros vários grupos de animais invertebrados.

Abordamos a metameria em anelídeos, dada por vários segmentos que se distribuem ao longo de todo o corpo, longitudinalmente, estabelecidos ainda durante o desenvolvimento embrionário. Para entendermos o sistema circulatório, podemos pensar em um sistema de refrigeração de geladeira; facilmente chegamos à conclusão de que é mais eficiente deixar a geladeira fechada para otimizar a refrigeração. Algo semelhante aconteceu com o corpo dos anelídeos: o aparecimento do sistema circulatório fechado foi importante para a eficiência das trocas gasosas no interior do animal. Há uma grande diversidade de espécies de anelídeos, e as características consideradas para separar os grupos do Filo Annelida são a presença e a quantidade de cerdas.

Os artrópodes apresentam características derivadas compartilhadas com os anelídeos, como a metamerização evidente. Os animais desse filo têm apêndices articulados e grande diversidade de metâmeros, que se agrupam em tagmas, formando grupos funcionais (apêndices locomotores, apêndices bucais etc.). Trata-se do grupo de animais mais diverso e abundante do planeta, ocupando os ambientes aquático, terrestre e também aéreo, com o surgimento das asas. Embora biodiversos, várias evidências apoiam a monofilia do Filo Arthropoda. Ainda que existam muitas espécies de crustáceos, insetos, aranhas e outros, é notável que esses animais estão ficando cada vez menos abundantes nos ambientes urbanos e rurais, principalmente por serem sensíveis às substâncias tóxicas (agrotóxicos, fumaças etc.) e a outros tipos de poluição (luminosa, sonora etc.) consequentes da ação antrópica.

Ao final, examinamos outro ramo da árvore filogenética dos animais: Deuterostomia. Tratamos do filo Echinodermata, um grupo de Deuterostomia que ainda é conhecido como invertebrado. Esses animais caracterizam-se por apresentarem, principalmente, sistema ambulacral, tecido conectivo mutável e simetria pentarradial. Habitam o ambiente marinho, onde podem ser vistos como bioindicadores da qualidade ambiental.

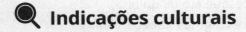
Indicações culturais

CARSON, R. **Primavera silenciosa**. São Paulo: Gaia, 2010.
Escrito originalmente na década de 1960, essa obra descreve, entre vários aspectos, as consequências das substâncias tóxicas para plantas e animais. A linguagem é clara e instigante e apresenta uma visão interessante do impacto ambiental.

ZOMBIE Starfish. **Nature's Weirdest Events**. Reino Unido: BBC, 12 jan. 2015. Disponível em: <https://www.youtube.com/watch?v=KrfcglOmBYw>. Acesso em: 12 abr. 2021.
Esse vídeo mostra as características gerais e o comportamento alimentar, de locomoção e de forrageamento das estrelas-do-mar.

Atividades de autoavaliação

1. Sobre os anelídeos, assinale a alterativa correta:

    A) São animais de corpo achatado e vermiforme.
    B) Apresentam sistema circulatório aberto e protonefrídeos.
    C) Apresentam sistema circulatório fechado e corpo segmentado.
    D) Têm apêndices articulados.
    E) Todos os anelídeos apresentam cerdas.

2. A respeito dos artrópodes, é **incorreto** afirmar:

    A) Existe mais de 1 milhão de espécies descritas.
    B) Crustáceos, aranhas, escorpiões, piolhos-de-cobra e insetos são alguns representantes.
    C) Apresentam pernas e outros apêndices articulados.

135

D) São formados por exoesqueleto de quitina.
E) Apresentam sempre três tagmas: cabeça, tórax e abdômen.

3. Sobre o grupo que comumente chamados de *aracnídeos*, é correto afirmar:

    A) Alguns exemplos são aranhas, escorpiões e gafanhotos.
    B) Pertencem a um grupo chamado Chelicerata.
    C) Apresentam corpo dividido em cabeça, tórax e abdômen.
    D) Têm quatro pares de pernas e um par de antenas.
    E) Podem apresentar asas.

4. Quanto aos crustáceos e aos insetos, podemos afirmar:

    A) Pertencem ao grupo de artrópodes conhecido como Chelicerata.
    B) Têm três pares de pernas articuladas.
    C) Crustáceos apresentam corpo dividido em cefalotórax e abdômen, e insetos são divididos em cabeça, tórax e abdômen.
    D) Apresentam sistema circulatório fechado.
    E) Sempre apresentam exoesqueleto com quitina e carbonato de cálcio.

5. Sobre os equinodermos, é correto afirmar:

    A) São animais deuterostômios.
    B) Apresentam essencialmente simetria bilateral.
    C) Podem ser terrestres ou aquáticos.
    D) São representados por estrelas-do-mar e camarões.
    E) Apresentam sistema ambulacral e são pseudocelomados.

Atividades de aprendizagem

Questões para reflexão

1. O húmus é uma substância proveniente das minhocas. Além disso, as minhocas são utilizadas em composteiras caseiras para diminuir a produção doméstica de lixo orgânico. Qual processo interno do corpo do animal resulta no húmus e promove a atividade nas composteiras? Faça uma pesquisa no *site* da Empresa Brasileira de Pesquisa Agropecuária (Embrapa) e verifique as diversas técnicas existentes para a construção de um minhocário barato e eficiente.

2. Se você mora em um centro urbano, liste os tipos de artrópodes que frequentemente encontra nos lugares a que costuma ir em sua cidade. Em seguida, lembre-se de alguma visita a uma floresta, área rural ou outro ambiente que não seja urbanizado. Caso você nunca tenha ido a um local assim, certamente já assistiu a algum filme, leu algum livro ou algo que descreva as características desses locais. Após essa reflexão, relacione as causas e as consequências da diferença entre a diversidade e a abundância de artrópodes em ambientes urbanos e não urbanos.

   Se você mora em um ambiente não urbano, tente fazer o exercício no "sentido contrário", do ambiente não urbano para o ambiente urbano.

Atividades aplicadas: prática

1. A coleta e a montagem de artrópodes, principalmente no caso de insetos, crustáceos e aracnídeos, é uma excelente oportunidade para complementar o estudo desses grupos.

Como a coleta e a eutanásia de artrópodes para fins didáticos são permitidas no Brasil (salvo algumas exceções), você pode aproveitar aqueles animais que moram em sua casa, em seu quintal ou nos arredores para revisar as estruturas analisadas neste capítulo. Lembre-se de que eventualmente você encontrará esses animais já mortos ou com as exúvias abandonadas. Apenas seja prudente em relação ao bem-estar animal e evite manipular animais vivos para sua segurança.

Por fim, faça um desenho do corpo do animal e avalie a divisão em tagmas e os apêndices que ele apresenta. Se for possível, identifique o nome popular do indivíduo para que seja crível supor a que grupo taxonômico do Filo Arthopoda ele pertence.

2. Desenvolva um quadro com as características gerais principais do Filo Arthropoda, conforme o modelo a seguir.

Quadro A – Características gerais dos filos Annelida, Arthropoda e Echinodermata

Característica/Filo	Annelida	Arthropoda	Echinodermata
Habitat	Aquático e terrestre		
Simetria	Bilateral		
Tipo de celoma	Celoma verdadeiro		
Sistema circulatório	Fechado		
Sistema excretor	Metanefrídeos		
Sistema digestório	Completo		
Reprodução	Monoicos ou dioicos		

3. Construa um quadro comparativo com as características gerais dos filos estudados neste capítulo. Observe o exemplo a seguir.

Quadro B – Características gerais dos artrópodes

Característica/grupo	Quelicerados	Miriápodes	Crustáceos	Insetos
Hábito de vida	Principalmente terrestres			
Divisão do corpo	Prossomo + opistossoma			
Mandíbulas	Ausente			
Número de pernas	Oito pernas			
Número de asas	Ausente			
Sistema respiratório	Pulmões foliáceos			
Órgãos dos sentidos	Cerdas, olhos			

CAPÍTULO 4

CORDADOS I,

Quando tratamos de animais invertebrados e vertebrados, rapidamente pensamos em animais pequenos e grandes ou delicados e robustos, respectivamente. No entanto, essa denominação não retrata um agrupamento natural, uma vez que o Filo Chordata (os cordados!) é composto por animais considerados invertebrados e vertebrados. Logo, neste livro, continuaremos a considerar os animais na sequência da trajetória evolutiva dos grupos ao longo da história evolutiva dos animais.

Portanto, primeiramente precisamos discutir brevemente sobre um grupo pouco conhecido, porém que antecede o grupo dos cordados, o Filo Hemichordata. O agrupamento Ambulacraria inclui os filos Echinodermata e Hemichordata.

Os **hemicordados** são um grupo pouco representativo – cerca de 120 espécies – de animais marinhos bentônicos. Têm corpo alongado e vermiforme (até cerca de 10 cm), dividido em probóscide mucosa, colarinho e tronco. O celoma enterocélico é associado ao sangue, e as trocas gasosas são realizadas pelas grandes fendas no órgão conhecido como *faringe*, culminando em uma filtração altamente eficiente. Logo, a alimentação é dada por filtração e microfagia, isto é, pela ingestão de partículas em suspensão. Ligada às fendas na faringe, há uma estomocorda cujas células rígidas são musculares, localizada em posição semelhante à da notocorda dos cordados (que veremos neste capítulo). A simetria é bilateral, e esses seres são deuterostômios com ânus terminal, ou seja, na extremidade mais posterior do corpo. O sistema circulatório é aberto, e a localização do sistema nervoso é dorsal.

Prosseguindo na trajetória evolutiva dos animais, trataremos do Filo Chordata (*chorda* = corda, com notocorda), o qual forma um agrupamento monofilético, embora seja um grupo bastante distinto. Para ser considerado um animal cordado, é preciso apresentar **notocorda** em pelo menos uma fase do ciclo de vida, **tubo nervoso dorsal, cauda muscular** e glândula fixadora de iodo (**tireoide** ou **endóstilo**). A notocorda é um bastão rígido e flexível, de origem mesodérmica e com células justapostas e altamente vascularizadas, com associação à musculatura. Dessa forma, a notocorda permite a natação por ondulação, conferindo sustentação e flexibilidade.

Figura 4.1 – Cladograma simplificado com as relações filogenéticas entre os filos Echinodermata, Hemichordata e Chordata

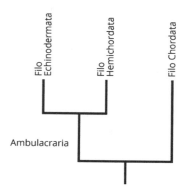

Fonte: Elaborado com base em Pough; Janis; Heiser, 2008.

4.1 Cordados basais

Chamamos de *cordados basais* os animais cordados que estão na base da árvore filogenética de Chordata, logo, que surgiram antes no tempo evolutivo. Do ponto de vista filogenético, os cordados podem ser divididos nos subfilos Urochordata ou Tunicata, Cephalochordata e Craniata. Embora haja controvérsias sobre as relações filogenéticas do Filo Chordata, Cephalochordata e Craniata são comumente tratados como grupos-irmãos (Satoh; Rokhsar; Nishikawa, 2014; Hickman Jr. et al., 2017). Essas relações são embasadas pela presença de **miomeria** (repetição de pacotes musculares ao longo do corpo) e **notocorda** não restrita à cabeça, principalmente. Contudo, outra classificação artificial considera a divisão de cordados em **protocordados** (Urochordata e Cephalochordata) e **eucordados** (Craniata). Nesta seção, trataremos apenas dos protocordados ou invertebrados cordados.

Figura 4.2 – Cladograma simplificado com as relações filogenéticas do Filo Chordata

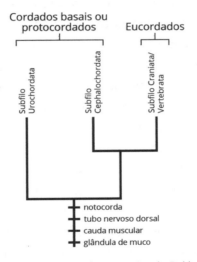

Fonte: Elaborado com base em Satoh; Rokhsar; Nishikawa, 2014.

Uma vez que os cordados se originaram no ambiente marinho, os cordados basais (ou protocordados) continuam a ocupar e explorar esse ambiente. Logo, o Filo Urochordata (*uro* = cauda;

chorda = cordão, notocorda) ou Tunicata inclui animais marinhos, de vida livre ou sésseis, coloniais ou solitários. Compreende aproximadamente três mil espécies de ascídias e salpas.

❓ Curiosidade

O nome *urocordados* se deve à presença da notocorda apenas na cauda da larva; já *tunicados* faz referência à túnica proteica secretada pela epiderme, a qual recobre o corpo.

Os urocordados são animais essencialmente micrófagos filtradores, que apresentam uma **faringe perfurada**, surgida já no Filo Hemichordata, internamente recoberta por muco secretado por uma glândula chamada **endóstilo**. As trocas gasosas estão associadas à faringe. Localizada ventralmente ao tubo digestório, a circulação sanguínea tem fluxo bidirecional, e essa característica de propulsionar o sangue em direções alternadamente opostas só é conhecida nesse animal. A reprodução se dá com animais monoicos e desenvolvimento indireto, ou seja, uma larva com cauda muscular.

Os urocordados são alocados em três classes: Ascidiacea, Thaliacea e Appendicularia (Larvaceae). A Classe Ascidiacea é a mais representativa, com cerca de 2.500 espécies solitárias ou coloniais, a maioria fixa a substratos como rochas, corais, algas e raízes de plantas. Apresentam túnica elaborada, gelatinosa ou coriácea, com ou sem espículas de calcário. Comumente chamadas de *seringas-do-mar*, as **ascídias** têm formato do corpo globular com duas aberturas: **sifão oral ou inalante** e **sifão atrial ou exalante** (Figura 4.3). A faringe grande e perfurada permite a filtração (portanto, a alimentação) e as trocas gasosas.

Já as **salpas**, da Classe Thaliacea, são animais planctônicos de alguns poucos centímetros, com cerca de 40 espécies e que habitam águas quentes marinhas. Nelas, o **endóstilo** está localizado no eixo anteroposterior do corpo, na margem ventral da faringe. A arquitetura corporal tem formato de barril, com uma **abertura oral** (anterior) e, na outra extremidade, uma **abertura atrial** (posterior). Por fim, a Classe Appendicularia ou Larvacea abrange 70 espécies de urocordados marinhos planctônicos. O corpo, dividido em **tronco** e **cauda**, tem tamanho muito reduzido e é recoberto por uma enorme **cápsula** mucosa que auxilia na filtração. Mesmo quando adultos, apresentam uma morfologia semelhante à do indivíduo imaturo (larva). O par de fendas na **faringe** tem duas aberturas na região do tronco, resultando em uma ausência de **cavidade atrial**. O **endóstilo** é reduzido e localizado próximo à boca.

Figura 4.3 – Vista lateral da morfologia de uma ascídia

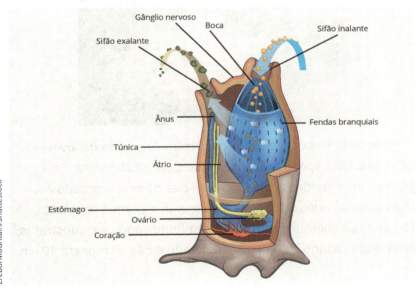

EreborMountain/Shutterstock

Figura 4.4 – Vista superior de uma ascídia séssil (Ascidiaceae), com destaque para a cavidade interna

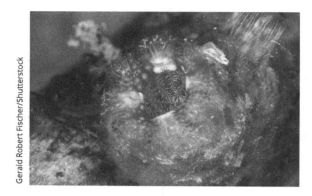

Figura 4.5 – Colônia de salpas (Thaliaceae) sésseis em substrato marinho

Já abordamos quase todos os principais grupos de invertebrados; falta apenas este: o Subfilo Cephalochordata. Esse grupo compreende cerca de 25 espécies de protocordados chamadas de *anfioxos* (*amphi* = dois; *oxus* = pontos opostos). São animais solitários que vivem semienterrados em substratos arenosos marinhos. O corpo é alongado e não ultrapassa 10 cm de comprimento (Figura 4.6). A parede do corpo apresenta musculatura segmentada (**miômeros** em formato de V) e cauda muscular, o que promove a movimentação ondulatória e o deslocamento do animal. Na região anterior ou oral, há uma série de **cirros orais** que circundam a cavidade pré-oral. Já na região posterior, há o **atrióporo** (responsável por eliminar o excesso de água) e, mais na extremidade, o **ânus subterminal** seguido da **cauda pós-anal** (Ribeiro-Costa; Rocha, 2003). A **faringe** perfurada ocupa cerca de dois terços do comprimento do corpo do anfioxo, na região anteromediana, e o **tubo nervoso dorsal** oco e a **notocorda** estendem-se por praticamente todo o comprimento, dorsalmente. Na margem ventral da faringe, observa-se a região do **endóstilo**. O sistema sensorial é descentralizado e há presença de ocelos. Diferentemente da maioria dos outros protocordados, anfioxos são dioicos.

Figura 4.6 – Exemplos de animais do Subfilo Cephalochordata (Filo Chordata): (A) esquema da morfologia de anfioxo; (B) fotografia da anatomia interna de anfioxo (corte transversal) em microscópio óptico; (C) fotografia de anfioxo feita em microscópio óptico (vista lateral)

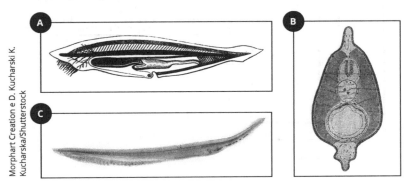

4.2 Peixes feiticeiras e lampreias

Agora iniciaremos o estudo de animais usualmente chamados *vertebrados*, ou seja, do agrupamento do Subfilo Craniata. Apesar de conhecidos como vertebrados, nem todos apresentam vértebras, como as feiticeiras ou os peixes-bruxa. Portanto, do ponto de vista filogenético, o termo *vertebrado* não corresponde exatamente ao agrupamento Vertebrata. Além disso, Craniata e Vertebrata não são sinônimos, uma vez que lampreias são um grupo basal de Craniata (e talvez os extintos ostracodermos) e grupo-irmão de todos os integrantes contemplados no agrupamento Vertebrata.

Figura 4.7 – Cladograma simplificado com as relações filogenéticas do Filo Chordata

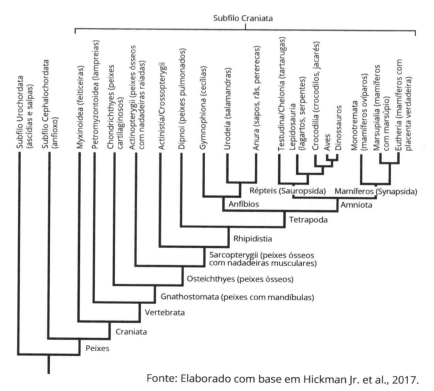

Fonte: Elaborado com base em Hickman Jr. et al., 2017.

Primeiramente, precisamos caracterizar os chamados *eucordados*, ou seja, os integrantes do Craniata. Esse subfilo compreende cerca de 60 mil espécies de animais vertebrados, além de feiticeiras, lampreias e outras espécies extintas; portanto, integra peixes, anfíbios, répteis, aves e mamíferos. Esses seres apresentam monofilia, e as novidades evolutivas surgidas e exclusivas são a presença de coluna vertebral e crânio e a presença de canais semicirculares no ouvido interno, além do aumento do desenvolvimento dos **órgãos de percepção** e do **sistema nervoso periférico**. A **coluna vertebral** auxilia na sustentação e no crescimento corpóreo, facilita a locomoção (pela ondulação da cintura pélvica e/ou cauda e miômeros em W) e protege parte do sistema nervoso central. O **crânio** é uma estrutura óssea que aloja e protege a outra porção do sistema nervoso central, o **encéfalo** tripartido, propiciando o aumento da capacidade de interação com estímulos externos. Os **canais semicirculares** no ouvido interno são essenciais para o equilíbrio, otimizando a locomoção e a eficiência em diversos aspectos comportamentais e ecológicos (Hildebrand; Goslow, 2006).

Logo, de forma geral, podemos notar que a maioria das características citadas leva em consideração a diferenciação da **cabeça** e do **tronco** e um grande desenvolvimento do sistema nervoso, com diversos órgãos de percepção e **nervos**

raquidianos e **cranianos**. Além disso, craniados apresentam tireoide (em vez do endóstilo dos protocordados), coração em três ou mais camadas e rins pares (Pough; Janis; Heiser, 2008).

Figura 4.8 – Diversidade de espécies dos grupos de eucordados (Subfilo Craniata, Filo Chordata)

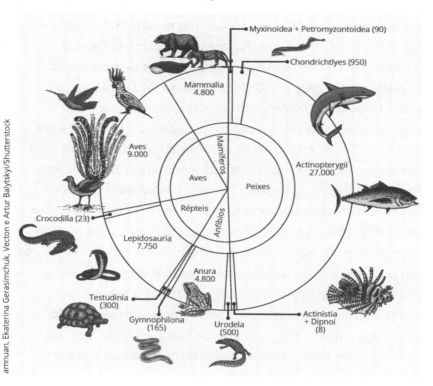

Fonte: Pough; Janis; Heiser, 2008, p. 4.

Figura 4.9 – Padrão geral e musculatura corporal de anfioxos e peixes eucordados

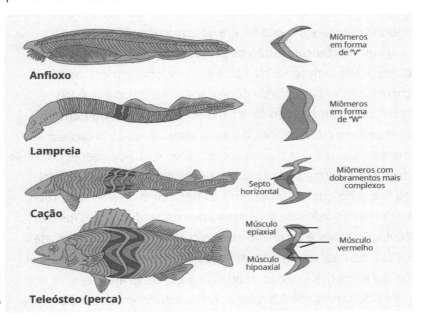

Fonte: Pough; Janis; Heiser, 2008, p. 33.

Os primeiros eucordados que surgiram na história da vida na Terra foram os peixes, há cerca de 300 milhões de anos (Período Carbonífero). Ainda não está bem estabelecida a posição filogenética de alguns grupos extintos de peixes; logo, trataremos principalmente dos grupos de espécies viventes. O grupo das feiticeiras ou peixes-bruxa (Ordem Myxinoidea ou Myxiniformes) inclui cerca de 50 espécies de peixes marinhos que se alimentam de materiais em decomposição. Apresentam corpo alongado (cerca de 45 cm), com **tentáculos sensoriais** e coberto de muco e flexível, além de ausência de olhos, boca circular com dentes córneos e sem mandíbulas, um par de canais semicirculares no ouvido interno, oito pares de nervos cranianos e sete pares de fendas faringeanas. Apesar da ausência de uma coluna vertebral (o que os exclui de Vertebrata), a presença da notocorda permite a estruturação e a flexibilidade do corpo do animal.

Já em Vertebrata estão os peixes chamados de *lampreias* (Ordem Petromyzontoidea ou Petromyzontiformes), os quais correspondem a cerca de 60 espécies marinhas e dulcícolas. Quanto ao registro fóssil, o mais antigo data do Período Carbonífero (300 milhões de anos atrás). A maioria das lampreias é parasita de outros vertebrados e fixa-se nestes por meio de sucção, com a boca circular. Nessa boca, há um funil oral ou bucal do qual se projeta uma língua pela qual as lampreias sugam os líquidos de seus hospedeiros (Hildebrand; Goslow, 2006). O crânio é cartilaginoso e o corpo é alongado, com até 50 cm, no qual há uma evidente formação da coluna vertebral, embora restrita à região caudal. As lampreias apresentam dois pares de canais semicirculares no ouvido interno, dez pares de nervos cranianos, sete pares de fendas na faringe, sete aberturas externas anteriores em cada lateral do corpo e olhos bem desenvolvidos (Figura 4.10). A reprodução se dá por animais dioicos e de desenvolvimento indireto.

Do ponto de vista filogenético, é possível alocar feiticeiras e lampreias no agrupamento Agnatha (*a* = não; *gnatha* = mandíbula) ou Cyclostomata (*cyclos* = circular; *stoma* = boca), uma vez que são desprovidas de mandíbulas e apresentam boca circular. Além dessas características, o esqueleto axial (endoesqueleto) desses dois animais é basicamente membranoso ou cartilaginoso. Agnatos atuais são essencialmente de águas frias, principalmente em alta latitude dos hemisférios Sul e Norte.

Figura 4.10 – Vista lateral dos agnatos

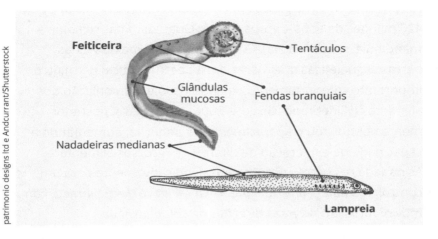

Figura 4.11 – À esquerda, vista lateral da região anterior da lampreia; à direita, vista ventral da região bucal de lampreias, com destaque para a boca circular

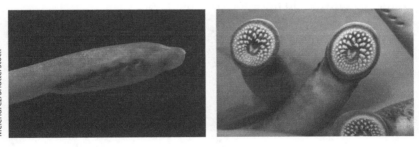

4.3 Peixes cartilaginosos

Quanto à filogenia, os peixes são divididos em Chondrichthyes (*chondri* = cartilagem; *ichtyes* = peixes) e Osteichthyes (*ostei* = osso; *ichtyes* = peixes). Nesta seção, veremos o primeiro grupo, o dos peixes cartilaginosos.

Os primeiros fósseis de vertebrados com maxilas e nadadeiras pares têm registro fóssil no Período Siluriano, há cerca de 420 milhões de anos, agrupados em Gnathostomata (*gnatha* = mandíbula; *stoma* = boca). O surgimento das maxilas e das barras esqueléticas que margeiam a abertura bucal permitiu o importante comportamento de apreensão e manipulação dos alimentos (Hildebrand; Goslow, 2006). Além disso, posteriormente possibilitou o aparecimento da dentição, aumentando a capacidade de exploração de diferentes recursos alimentares. As nadadeiras pares contribuíram significativamente para um controle da natação, a qual passou a ser ativa e equilibrada, com movimentos em diversas direções na coluna d'água.

Os peixes cartilaginosos incluem atualmente Elasmobranchii (tubarões, cações e raias) e Holocephali (quimeras), totalizando cerca de 1.200 espécies. A maioria é predadora de diversos animais (como outros peixes, tartarugas e mamíferos aquáticos), enquanto outras são filtradoras de plâncton.

Figura 4.12 – Exemplos de peixes cartilaginosos (Subfilo Craniata, Filo Chordata): à esquerda, tubarão (vista lateral); à direita, raia (vista ventral)

O registro fóssil de Chondrichthyes data do Devoniano Inferior, e algumas características da arquitetura corporal pouco mudaram ao longo da história evolutiva desse grupo. Assim, não é raro ouvirmos o termo *fóssil vivo* quando se trata de algumas espécies de peixes cartilaginosos, principalmente alguns tubarões. Existe a presença de um **endoesqueleto** basicamente cartilaginoso, **crânio** e **maxilas** em peça única, **escamas placoides** de origem mesodérmica que recobrem o corpo e conferem uma textura áspera, além de **dentes** desenvolvidos de origem mesodérmica. Na reprodução, são dioicos, e o macho apresenta uma estrutura copulatória (**clásper**) que conduz à fecundação interna. Podem ser **vivíparos** (embrião nasce muito desenvolvido) ou **ovíparos** (fêmea põe ovos com casca, e embrião nasce pouco desenvolvido).

Tubarões ou cações (cerca de 400 espécies) usualmente apresentam, em geral, corpo alongado, hábito pelágico ou bentônico, em geral de cinco a sete fendas na faringe localizadas lateralmente, fendas nasais e boca anteriores. Raias (cerca de 500 espécies) normalmente apresentam corpo achatado dorsoventralmente, cinco fendas na faringe localizadas ventralmente, fendas nasais e boca ventrais e costumam habitar a região mais ao fundo do mar. O sistema sensorial de tubarões e raias é bem desenvolvido, principalmente em razão de pequenos canais chamados **ampolas de Lorenzini** e de **órgãos eletrogênicos** formadores de um campo elétrico (Hildebrand; Goslow, 2006). Tubarões podem forragear em diversas profundidades. A linha lateral tem capacidade de captar vibrações e mudanças de temperatura e pressão. O olfato e audição são apurados.

Figura 4.13 – Deslocamento de tubarão na coluna d'água com o uso dos órgãos sensoriais

Quimeras (cerca de 70 espécies) são exclusivamente marinhas bentônicas de profundidade. Têm esse nome por apresentarem características morfológicas bem diversificadas e, até mesmo, um tanto bizarras: nadadeira caudal em formato de um longo filamento, tentáculo na região anterior, espinho dorsal associado à glândula de veneno, rostro móvel semelhante a uma probóscide e dentes achatados.

Figura 4.14 – Quimera

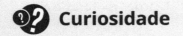 **Curiosidade**

Os termos *tubarão* e *cação* são basicamente sinônimos. Popularmente, é costume nos referirmos aos animais de maior porte como *tubarões* e aos de menor porte (inclusive juvenis) como *cações*. A falta de estatísticas oficiais e de fiscalização, juntamente com o desconhecimento da população sobre o que consome, tem preocupado cientistas e ambientalistas quanto à diminuição da riqueza e da abundância de certas espécies desses animais. Muitas delas já se encontram em vários graus de ameaça no Brasil e no mundo. Em 2012, no Brasil, dados científicos publicados pelo Ministério do Meio Ambiente indicavam que 33% das 145 espécies de peixes cartilaginosos correm risco de desaparecer. Por isso, a legislação ambiental brasileira tem estabelecido diversas restrições e proibições ao consumo de cação, além de ações de educação ambiental, com o objetivo estimular o consumo consciente e a proteção das espécies de peixes cartilaginosos (elasmobrânquios).

4.4 Peixes ósseos

Contemplados no agrupamento Osteichthyes, os peixes ósseos compreendem a grande maioria das espécies que conhecemos como *peixes*. Correspondem a cerca de 25 mil espécies, as quais apresentam grande diversidade morfológica, comportamental e ecológica, e são o grupo mais abundante de peixes atuais. O registro fóssil é dado entre o Siluriano e o Devoniano (cerca de 400 milhões de anos atrás), períodos conhecidos como *Idade dos Peixes*. A partir do Período Devoniano, os peixes ósseos passaram a apresentar diversas especializações motoras e alimentares (Pough; Janis; Heiser, 2008).

Entre as características morfológicas surgidas nos peixes ósseos, a que dá nome ao grupo Osteichthyes é a presença de ossos endocondrais – ossos que substituem as cartilagens – em um endoesqueleto. Logo, a **coluna vertebral** é ossificada, substituindo a notocorda embrionária como principal eixo de sustentação do corpo (Figura 4.15). Dessa coluna vertebral saem diversos elementos ósseos, como espinhos, costelas e ossos intermusculares (os quais formam o que popularmente chamamos de *espinha de peixe*). Há também a presença de uma **linha lateral** (mecanorrecepção), **ossos dérmicos** (origem mesodérmica), **cintura escapular** ou peitoral, divertículo esofágico denominado **bexiga natatória** (mecanorrecepção, respiração e flutuabilidade) e brânquias ou pulmões. As **brânquias** do tipo opercular são estruturas associadas às fendas branquiais cuja função são as trocas gasosas. Trataremos dos pulmões mais adiante.

Figura 4.15 – Morfologia geral de peixes ósseos

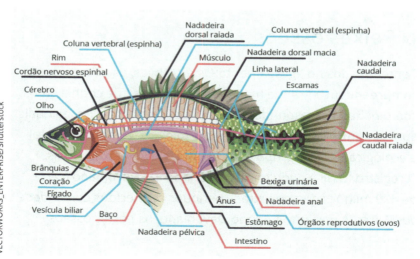

Quanto às características alimentares, houve um aumento na capacidade de projeção da boca para a frente, a partir do crânio elevado e da mandíbula abaixada. Isso, associado ao aparato do **osso hioide** na cavidade bucal, aumenta a cavidade e a força de sucção bucal, permitindo a apreensão mais eficiente do alimento/presa (Pough; Janis; Heiser, 2008). Ainda na região anterior, a boca é terminal e contém dentes pequenos e cônicos, além de uma língua que auxilia na alimentação e nos movimentos respiratórios. O corpo é revestido por muco e **escamas dérmicas** de diferentes tipos (placoides, ganoides, elasmoides, cicloides, ctenoides), ilustrados na Figura 4.16.

Figura 4.16 – Tipos de escamas de peixes vertebrados

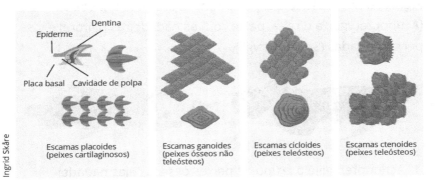

Fonte: Hickman Jr. et al., 2017, p. 494.

A escama placoide pode ser encontrada em peixes cartilaginosos (Chondrichtyes), e as escamas ganoides, cicloides e ctenoides podem ser vistas nos peixes ósseos (Osteichthyes).

Do ponto de vista sistêmico, a maioria dos peixes tem circulação fechada e simples. O sangue e o restante do corpo apresentam temperatura interna determinada pela temperatura da água circundante, sendo chamados, portanto, de *ectotérmicos*. Os rins são do tipo glomerular. A reprodução dos peixes ósseos é bem diversificada; a fecundação geralmente é externa, com gametas masculinos e femininos lançados na água. O desenvolvimento é indireto, com larvas comumente chamadas de *alevinos*; pode haver ovuliparidade, oviparidade e viviparidade.

Assim, com tantas novidades evolutivas, surgiram duas grandes linhagens (Figura 4.17): Actinopterygii (*actino* = espinho, raio; *pterygium* = nadadeira) e Sarcopterygii (*sarco* = músculo; *pterygium* = nadadeira) (Hildebrand; Goslow, 2006; Pough; Janis; Heiser, 2008). De forma geral, os peixes ósseos apresentam nadadeiras ímpares (dorsal, caudal e retal) e pares (peitorais e pélvicas).

Figura 4.17 – À esquerda, peixe com nadadeiras raiadas (Actinopterygii); à direita, peixe com as nadadeiras peitoral e pélvica lobadas (Sarcopterygii)

Channarong Pherngjanda e nld/Shutterstock

Actinopterygii é o grupo de peixes ósseos cujas nadadeiras pares apresentam espinhos ou raios dérmicos paralelos, ancorados internamente em uma mesma membrana. Escamas ganoides são comuns à grande maioria dos actinopterígeos. Boa parte das espécies de Osteichthyes pertence ao agrupamento Actinopterygii; são cerca de 25 mil. Apresentam de alguns poucos milímetros até alguns metros, como o peixe-remo (*Regalecus glesne*), com mais de 5 m de comprimento, ou o peixe-lua (*Mola mola*), com até 3 toneladas.

Por sua vez, os primeiros Sarcopterygii que surgiram eram de pequeno porte e apresentavam nadadeiras pares (peitorais e pélvicas) lobadas, recobertas por escamas e internamente ósseas com **inserção ao músculo**. Embora tenham sido abundantes, sarcopterígeos atuais compreendem algumas poucas dezenas de espécies de água doce e marinhas, entre celacantos (grupo Actinistia ou Crossopterygii), peixes pulmonados e o agrupamento que deu origem aos tetrápodes (grupo Rhipidistia).

Entre os rapidísteos, os peixes pulmonados apresentam diversas especializações no crânio, corpo alongado e **pulmões** com comunicação nasofaríngea – a **coana**. Ocupando sempre o ambiente dulcícola, no Brasil são representados pelas piramboias. No ramo que deu origem aos tetrápodes (anfíbios, répteis, aves e mamíferos), a principal evidência da hipótese evolutiva é o fóssil *Eusthenopteron* sp., considerado o peixe mais próximo dos tetrápodes (*tetra* = quatro; *poda* = pés), pois compartilha características com os tetrápodes basais, ou seja, com os primeiros anfíbios. Entre essas características, podemos destacar dentes **labirintodontes** (dentes cuja polpa é, internamente, ramificada como um labirinto) e a **conformação óssea das nadadeiras pares** (pélvica e peitoral).

4.5 Anfíbios

Como vimos, a história evolutiva dos animais no planeta passou por organismos cordados que ocupavam o ambiente essencialmente aquático, geralmente. Além disso, alguns ossos que já haviam surgido nos peixes Sarcopterygii passaram a se arranjar de maneiras diferentes ao longo da história evolutiva do grupo. Alguns peixes passaram a apresentar ligação de alguns ossos (aumentando a mobilidade) e inserção muscular, enquanto a coluna continuava longa e com muitas costelas e vértebras uniformes. Animais com essas características podem ser chamados de *pré-anfíbios* e são considerados os tetrápodes basais. As evidências da transição entre peixes e tetrápodes são dadas por alguns fósseis, como os gêneros **Acanthostega** e *Ichthyostega*, ambos do Período Devoniano Superior.

Figura 4.18 – Esqueleto dos fósseis *Eusthenopteron* sp. e *Acanthostega* sp., com destaque para a região anterior e a nadadeira peitoral

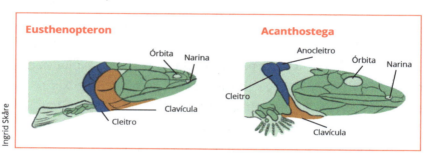

Fonte: Pough; Janis; Heiser, 2008, p. 172.

Desse agrupamento ancestral surgiram os anfíbios que conhecemos atualmente, reunidos no grupo Lissamphibia. Trataremos deles mais adiante. Primeiro precisamos examinar as mudanças ambientais que ocorreram nas áreas continentais em que os pré-anfíbios viviam.

Há cerca de 380 milhões de anos, houve um período de estiagem que acarretou pressões ambientais desfavoráveis a diversos animais. Quanto aos peixes, a escassez de recursos ambientais e alimentares gerou competição para a grande maioria das espécies aquáticas. No entanto, os peixes Sarcopterygii já apresentavam características morfológicas que os favoreciam na situação em que se encontravam, como uma estrutura especializada para as trocas gasosas diretamente do ar (**pulmões**), a presença de estruturas locomotoras que permitiam o deslocamento fora d'água e sustentavam a massa corpórea mais densa no ar (**nadadeiras lobadas**) e uma superfície corpórea mucosa e que impedia o excesso de perda d'água. Logo, os Sarcopterygii puderam se deslocar para ambientes mais favoráveis, ou seja, conquistar o meio terrestre (Pough; Janis; Heiser, 2008).

Como vimos, os Lissamphibia são considerados os anfíbios atuais e compreendem formas bem distintas entre rãs, pererecas, sapos, cobras-cegas, cecílias e salamandras. O registro fóssil do grupo data do Período Triássico (cerca de 250 milhões de anos atrás), e a diversidade é de quase 7 mil espécies reconhecidas. De forma geral, essas espécies apresentam crânio robusto, **poucas vértebras, membros articulados** e com quatro ou cinco dedos, dentes pedicelados e **dois côndilos occipitais** na primeira vértebra cervical (Figura 4.19). A epiderme é fina e corneificada, com **glândulas de muco** e/ou **de veneno**. A derme é bem vascularizada e fina, auxiliando na respiração; portanto, há **respiração cutânea**. Também pode haver microestruturas na pele que permitem a coloração, inclusive com cores vibrantes. Associados ou não a essas colorações, esses anfíbios apresentam diversos comportamentos sexuais e sociais, como vocalizações, movimentos de exibições visuais e feromônios.

Figura 4.19 – Vista dorsal de esqueleto de anfíbio

Figura 4.20 – Vista ventral de anatomia interna de anfíbio

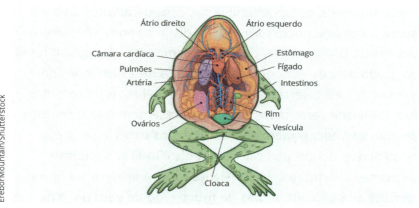

O sistema digestório apresenta anteriormente uma **língua** capaz de umedecer o alimento (que geralmente é seco) e iniciar a digestão, posteriormente terminando em uma **cloaca** (Figura 4.20). Do ponto de vista dos nichos alimentares, anfíbios atuais são basicamente carnívoros. Como já citamos, respiração é principalmente cutânea, mas também ocorre no pulmão, na boca e até em brânquias (nas espécies aquáticas). O sistema urogenital se dá pela presença de **bexiga** para acumular água e rim opistonefro (que excreta amônia se aquático e ácido úrico se terrestre).

Em geral, a característica biológica dos anfíbios (*anfi* = duas; *bio* = vida) que mais conhecemos é a metamorfose, ou seja, a ocorrência de um estágio larval (girino) aquático, bem diferente dos adultos terrestres (Figura 4.21). Portanto, apresentam **desenvolvimento indireto**. A reprodução nos anfíbios atuais é muito diversa, porém a fecundação geralmente é **externa**, uma vez que há ausência de órgãos copulatórios. Na época reprodutiva, frequentemente o macho espreme, por meio de **amplexos** (axilares ou inguinais), o abdômen da fêmea, liberando os ovos dela na água e soltando os espermatozoides dele por cima. Em muitas espécies, há uma espuma que envolve os ovos para melhor oxigená-los. A maioria é **ovípara**.

Figura 4.21 – Ciclo de vida de sapos, rãs e pererecas (metamorfose)

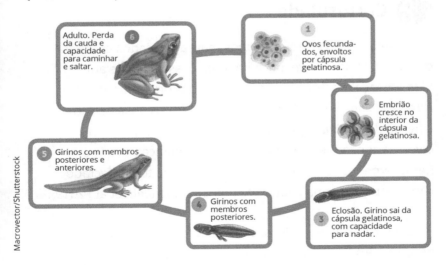

Figura 4.22 – Fêmea de rã (*Rana temporaria*) protegendo dezenas de seus ovos

 Curiosidade

Os anfíbios estão entre os grupos mais ameaçados em todo o planeta. O Brasil tem, oficialmente, 42 espécies de anfíbios ameaçadas de extinção segundo o projeto *Documenting Threatened Species* (DoTS). Entre as principais causas estão a perda de *habitat*, a poluição de solo, água e ar, além de diversas consequências indiretas das mudanças climáticas. Recentemente, foi descoberto um fungo que tem infectado várias espécies, uma catástrofe iminente (Scheele et al., 2019).

Em termos filogenéticos, os anfíbios atuais podem ser divididos em Gymnophiona (cecílias e cobras-cegas), Urodela (salamandras) e Anura (sapos, rãs e pererecas). Gymnophiona ou Apoda (*a* = não; *poda* = pernas) é o grupo mais basal de Lissamphibia e compreende cerca de 180 espécies de corpo vermiforme circundado por anéis (dobras dérmicas), **ápodes** (sem patas), sem escamas dérmicas, com olhos não funcionais ou ausentes e hábito fossorial. Urodela ou Caudata (*uro* = cauda) abrange mais de 600 espécies com **tronco** e **cauda** alongados, geralmente com duas patas anteriores e duas posteriores, e que habitam ambientes terrestres úmidos. Já Anura ou Salientia, grupo-irmão de Urodela, constitui o grupo mais representativo e mais bem distribuído geograficamente; compreende cerca de 6 mil espécies **sem cauda** (*an* = não; *ura* = cauda), com cintura escapular flexível e cintura pélvica estreita, além de membros bem desenvolvidos que favorecem o hábito marchador-saltador.

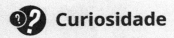 **Curiosidade**

Embora não haja uma categoria taxonômica para distinguir sapos, pererecas e rãs, de forma geral podemos diferenciar esses animais com base em algumas características morfológicas. Comumente chamamos de *sapos* os anuros mais robustos, que apresentam corpo rugoso com diferentes glândulas e se locomovem marchando. Já as pererecas são anuros mais esguios, com pernas alongadas que lhes permitem o hábito saltador, apresentando dígitos com extremidades dilatadas. As rãs, por sua vez, são os anuros com o hábito mais anfíbio, inclusive com membrana interdigital adaptada para a natação.

Figura 4.23 – Exemplos de anfíbios (Lissamphibia): (A) cecília ou cobra-cega (Gymnophiona); (B) salamandra (Urodela); (C) sapo *Ceratophrys ornata* (Anura); (D) rã comum (*Rana* sp.) (Anura); (E) perereca-de-vidro (*Hyalinobatrachium* sp.) (Anura); (F) sapo--cururu (*Rhinella* sp.) (Anura)

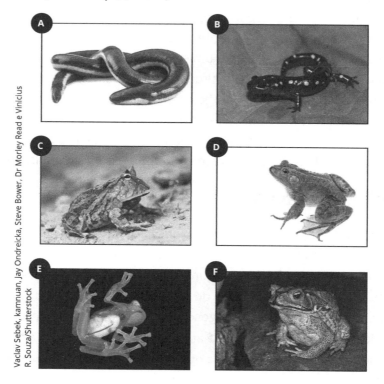

Síntese

Neste quarto capítulo, abordamos as relações filogenéticas dos animais que conhecemos como *protocordados* ou *cordados basais* e, principalmente, *eucordados*. Embora os representantes do Filo Hemichordata tenham algumas características comuns aos cordados, o grupo é mais associado ao Filo Echinodermata. Vimos também que há outros animais como "elo" entre o que se conhece como invertebrados e como vertebrados.

O Filo Chordata é dividido nos subfilos Urochordata (ascídias e salpas), Cephalochordata (anfioxos) e Craniata (peixes, anfíbios, répteis, aves e mamíferos). Mesmo sendo tão distintos, inclusive aqueles conhecidos como *animais invertebrados*, esses seres compartilham a simetria bilateral, o corpo em multicamadas celulares e o sistema digestório completo com ânus não terminal. Vimos que o termo *peixe* é muito abrangente dos pontos de vista filogenético e morfológico e que pode, inclusive, ser tratado como monofilético.

Abordamos ainda diversos aspectos da conquista e da transição dos animais vertebrados para o ambiente terrestre. Quanto ao aspecto morfofuncional, os peixes com nadadeiras lobadas musculares e com respiração pulmonar foram beneficiados quando o ambiente aquático ficou hostil em algumas regiões. Logo, analisamos as vantagens e os desafios estruturais e fisiológicos que esses organismos tiveram, inerentes ao novo ambiente conquistado.

Por fim, avaliamos o surgimento dos anfíbios do grupo ancestral do peixe que conquistou o ambiente terrestre. Tratamos das características gerais e das novidades evolutivas dos anfíbios, além dos *status* taxonômico e ecológico das espécies.

No entanto, embora tenham alcançado o ambiente terrestre, os anfíbios ainda dependem de água para a reprodução e apresentam pele passível de dessecação.

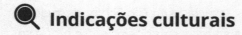
Indicações culturais

DOCUMENTING Threatened Species. Instituto Boitatá. Disponível em: <http://institutoboitata.org/projetos-dots/>. Acesso em: 12 abr. 2021.

O projeto colaborativo *Documenting Threatened Species* (DoTS), estabelecido entre organizações de conservação e instituições científicas, busca documentar e divulgar as espécies de anfíbios ameaçadas de extinção no Brasil. Em uma nova etapa do projeto, haverá a expansão para outros grupos de animais. Os dados são interessantes e as imagens, incríveis.

FISH That Walk. **National Geographic**, 5 Mar. 2012. 2 min. Disponível em: <https://www.youtube.com/watch?v=FLh4ODMBGJE&feature=emb_logo>. Acesso em: 12 abr. 2021.

MUDSKIPPERS: The Fish That Walk on Land. **BBC Earth**, 10 Feb. 2020. Disponível em: <https://www.youtube.com/watch?v=CAQuoH_fOWM>. Acesso em: 12 abr. 2021.

Ambos os vídeos tratam da conquista do ambiente terrestre por peixes com nadadeiras musculares lobadas.

SCIENTIFIC AMERICAN BRASIL. **O admirável mundo das cobras-cegas**. Disponível em: <https://sciam.com.br/o-admiravel-mundo-das-cobras-cegas/#:~:text=No%20final%20dos%20anos%2080,semelhantes%20aos%20das%20esp%C3%A9cies%20viv%C3%ADparas>. Acesso em: 12 abr. 2021.

Nesse artigo de divulgação científica, são abordados diversos aspectos referentes à biologia das cobras-cegas ou cecílias.

Atividades de autoavaliação

1. Sobre os cordados basais, é correto afirmar:

    A São representantes lampreias, anfioxos e salpas.
    B Apresentam endoesqueleto cartilaginoso.
    C Estão incluídos nos subfilos Hemichordata e Cephalochordata.
    D São essencialmente filtradores e detritívoros.
    E A notocorda está ausente.

2. Quanto aos peixes, é correto afirmar:

    A São animais com pouca diversidade morfológica.
    B Podem ou não ter endoesqueleto.
    C A respiração é exclusivamente branquial.
    D Apresentam um único tipo de escama.
    E Peixes cartilaginosos são representados pelas lampreias.

3. Assinale a alternativa correta a respeito de peixes cartilaginosos e ósseos:

    A Peixes cartilaginosos são atualmente representados por raias, tubarões e quimeras.
    B Peixes cartilaginosos não apresentam mandíbulas.
    C Peixes ósseos têm sempre o mesmo número e tipo de nadadeiras.
    D Peixes ósseos e cartilaginosos apresentam sistema nervoso rudimentar.
    E Peixes cartilaginosos deram origem aos anfíbios.

4. Sobre a conquista do ambiente terrestre pelos animais cordados, é correto afirmar:

   A Anfíbios surgiram dos répteis.

   B A conquista do ambiente terrestre foi possível graças ao surgimento do esqueleto cartilaginoso dos peixes cartilaginosos.

   C A conquista do ambiente terrestre foi possível graças à presença de pulmões, que já haviam surgido nos grupos mais basais de peixes.

   D Concomitantemente à conquista do ambiente terrrestre, ocorreu a conquista do ambiente aéreo pelas aves.

   E Nenhuma das alternativas está correta.

5. Sobre os anfíbios, é **incorreto** afirmar:

   A São animais essencialmente herbívoros.

   B Apresentam hábito de vida anfíbio.

   C Do ponto de vista evolutivo, têm uma redução do número de vértebras se comparados ao grupo ancestral.

   D Podem apresentar cauda.

   E Fazem respiração cutânea e pulmonar.

Atividades de aprendizagem

Questões para reflexão

1. De acordo com a morfologia externa do Subfilo Cephalochordata e, principalmente, do Subfilo Urochordata, não é intuitivo considerar que esses dois grupos animais são os mais relacionados filogeneticamente com os eucordados (Subfilo Craniata). Relembre as características compartilhadas por esses três grupos e reflita sobre a importância de estudos

aprofundados de zoologia associados à biologia molecular para a sistemática filogenética das espécies animais.

2. A conquista dos ambientes terrestre e aéreo pelos animais cordados foi de grande importância para o sucesso do grupo. A ocupação e a permanência em um ambiente recém-conquistado certamente gerou novas forças de seleção natural, como diversidade da dieta alimentar e forças mecânicas e metabólicas. Pesquise sobre as condições ambientais desse ambiente recém-conquistado e avalie as novas forças seletivas dos vertebrados nos ambientes terrestre e aéreo.

Atividade aplicada: prática

1. Peixes ósseos e cartilaginosos apresentam diversas estratégias reprodutivas para a fecundação e o desenvolvimento embrionário. Pesquise e faça um quadro comparativo dessas alternativas reprodutivas.

CAPÍTULO 5

CORDADOS II,

No capítulo anterior, examinamos aspectos da evolução e da morfologia do Filo Chordata, além de abordarmos animais conhecidos, como peixes e anfíbios. A conquista do ambiente terrestre por alguns peixes e pelos anfíbios ocorreu graças a várias características morfológicas e fisiológicas desses animais. Entre elas estão novidades evolutivas que impedem o excesso de perda de água através da superfície do corpo do animal adulto, na fase imatura ou até mesmo no embrião. Além disso, a maioria dos ovos dos grupos citados tem o embrião com uma substância nutritiva de reserva (vitelo), para que seja capaz de completar o desenvolvimento.

Assim, passar a viver no ambiente terrestre acarretou novos modos de vida. Neste capítulo, trataremos dos animais cordados incluídos no grupo Amniota, que surgiu cerca de 250 milhões de anos atrás (Período Carbonífero). Filogeneticamente, é possível separar os integrantes do Amniota em Sauropsida (répteis e aves) e Synapsida (mamíferos), de acordo com características cranianas. O Período Carbonífero também contou com a propagação dos insetos no ambiente terrestre, o que conferiu abundância alimentar aos cordados.

O nome *Amniota* se deve à presença de uma novidade evolutiva chamada **âmnion**, ou seja, a presença de um **ovo amniótico**. O âmnion é um anexo embrionário, uma membrana extraembrionária que delimita uma cavidade cheia de líquido (cavidade amniótica) na qual o embrião se desenvolve. A função do âmnion é proteger o embrião contra dessecação e choques mecânicos. O ovo amniótico é revestido por uma casca, a qual pode ou não ser calcária. A casca é porosa, o que permite as trocas gasosas e, ao mesmo tempo, isola o embrião do meio externo. A fecundação em amniotas é sempre interna, isto é, o espermatozoide entra e fecunda as porções mais internas do oviduto; isso porque o ovo com casca é formado já dentro da porção final do oviduto da fêmea.

Concomitantemente ao âmnion, surgiram outros dois anexos embrionários, o **córion** e o **alantoide**, ambos com a função de trocas gasosas. O alantoide também atua no armazenamento de excretas nitrogenadas (ácido úrico, em geral) atóxicas resultantes do metabolismo do embrião enquanto ele se desenvolve dentro do ovo. Assim como vários outros animais cordados e não cordados, o vitelo está presente. Em amniotas, o vitelo está contido em um saco vitelínico, ao lado do âmnion e dos demais anexos embrionários.

5.1 Répteis

Ao final do Período Devoniano, surgiram os anfíbios atuais e o réptil ancestral que deu origem às formas reptilianas dos dias de hoje. O termo *réptil*, assim como no caso de peixes e vermes, não define uma simples linha evolutiva, mas uma complexa árvore filogenética composta de vários ramos, embora todos os cordados considerados répteis e aves, atuais e extintos, pertençam ao agrupamento Sauropsida. Discutiremos a inclusão das aves no mesmo clado dos répteis mais adiante neste capítulo. Atualmente, o que conhecemos como répteis não aves compreende mais de 8 mil espécies.

O registro fóssil evidencia uma grande abundância e diversidade de répteis, o que permite à ciência chamar o tempo geológico entre o final do Paleozoico e praticamente todo o Mesozoico de a *Era dos Répteis*. Com efeito, durante cerca de 180 milhões de anos, esses animais ocupavam muitos nichos ecológicos e estavam no topo da cadeia alimentar. Dominaram os ambientes terrestre, aquático e aéreo até serem extintos, há cerca de 66 milhões de anos. A hipótese mais aceita para a extinção é que, após a queda de um asteroide gigante no Golfo do México, a nuvem densa e persistente de poeira provocou diversas alterações no clima da Terra. Acredita-se que o impacto liberou bilhões de toneladas de enxofre na atmosfera. Os raios solares foram impedidos de chegar à biosfera, alterando temperatura e taxa de fotossíntese, além de provocar diversas consequências bióticas e abióticas indiretas. Esse evento culminou em uma era glacial que matou cerca de 75% dos organismos viventes.

Formas atuais e, principalmente, as extintas podem chegar a vários metros de comprimento e/ou altura, ter diversos hábitos alimentares, ocupar diferentes *habitat* etc. O tegumento apresenta algumas adaptações à vida terrestre, como a presença de seis a oito camadas de células e **escamas/escudos** na epiderme, dificultando a dessecação (Figura 5.1). Na pele, a troca ou muda da superfície é necessária para que o animal possa continuar a crescer, já que apresenta crescimento contínuo. O sistema digestório é complexo e estão presentes **língua** (função sensorial e alimentar) e **dentes** (função alimentar e comportamental). A respiração é predominantemente **pulmonar**, podendo haver auxílio por meio da pele e da faringe. O sistema circulatório é dividido em três câmaras separadas por septos (um átrio e dois ventrículos) (Hildebrand; Goslow, 2006). São todos ectotérmicos. Quanto à reprodução, são predominantemente ovíparos com desenvolvimento direto e fecundação interna ou externa. Quanto ao comportamento, pode haver cuidado parental, vocalizações e nidificação.

Figura 5.1 – À direita, escama epidérmica de serpente (Lepidosauria); à esquerda, escudo epidérmico de crocodilo (Crocodilia)

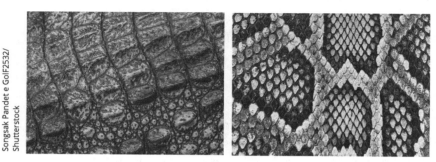

São tantas as diferenças morfológicas e anatômicas que vamos discuti-las detalhadamente ao apresentarmos os grupos. Podemos dividir os animais chamados *répteis não aves* em Testudinata (tartarugas, cágados e jabutis), Lepidosauria (lagartos, iguanas, camaleões, serpentes e tuataras) e Archosauria (crocodilos, jacarés, dinossauros e pterosauros).

Curiosidade

Em algumas espécies de crocodilianos, tartarugas e lagartos, a temperatura de incubação de ovos é fator determinante do sexo dos filhotes. A temperatura atua na produção de enzimas responsáveis pela diferenciação das gônadas no embrião dentro dos ovos. Portanto, a quantidade de calor recebida, que está diretamente ligada à posição do ovo em relação à fonte de calor, será decisiva na geração de filhotes machos ou fêmeas.

Testudinata (ou Chelonia) corresponde a cerca de 260 espécies cujo crânio é ausente de forâmen (buraco ou abertura) ou fossa e está parcialmente contido em um casco. O **casco** de testudinos ou quelônios é composto por **placas ósseas dérmicas fundidas**, formando uma **carapaça** (dorsal) e um **plastrão** (ventral) rígidos (Figura 5.2). Vértebras e costelas se fundem a essas estruturas, sendo, portanto, impossível que eles saiam do casco ou o dispensem. Dorsalmente, as placas dérmicas são recobertas por escudos epidérmicos córneos (queratina), os quais são trocados e renovados periodicamente. Não apresentam dentes, e sim lâminas córneas. O *habitat* é o caráter que usamos para distinguir popularmente os integrantes desse grupo. Tartarugas marinhas são as formas marinhas; jabutis, as formas terrestres; e cágados, as formas de hábito anfíbio (água e terra). No Brasil, já foram registradas cinco espécies de tartarugas marinhas, todas em algum grau de ameaça de extinção. *Dermochelys coriacea* (tartaruga-de-couro), a maior delas, atinge até 2,5 m de comprimento.

Figura 5.2 – Morfologia geral de Testudines/Chelonia: (A) vista ventral de esqueleto e casco de tartaruga; (B) cágado tigre-d'água (hábito anfíbio); (C) tartaruga-marinha-verde (hábito aquático, marinho); (D) jabuti-gigante-de-galápagos (hábito terrestre)

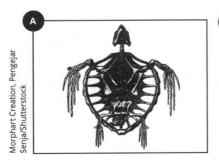

(continua)

(conclusão)

Lepidosauria (ou Lepidosauromorpha) contempla cerca de 7,8 mil espécies (4,8 mil lagartos e 3 mil serpentes) cujo crânio tem **dois foramens** posteriores (fossas temporais). Apresentam tegumento coberto por escamas pouco permeáveis, e a camada externa (epiderme) é inteiramente trocada quando necessário (nas mudas). São predominantemente carnívoros/insetívoros e terrestres, embora existam formas arborícolas e até mesmo aquáticas. Além das características gerais de répteis não aves, apresentam características derivadas, ou seja, adaptações que surgiram secundariamente na evolução do grupo, como a diminuição do tamanho (em alguns lagartos) ou a total ausência de membros (em serpentes e anfisbenas ou cobras-de-duas--cabeças). Como ilustra a Figura 5.4, outras características peculiares são a presença de **glândulas de veneno**, como no lagarto *Heloderma* sp. e em várias serpentes; a **língua longa** e com a extremidade **bífida**; e a presença do **órgão vomeronasal** (função olfativa). As espécies atuais de lagartos apresentam apenas alguns centímetros (a exceção é o dragão-de-komodo), membros presentes (geralmente) e boca pequena. Já as espécies de serpentes são maiores, chegando a 10 m de comprimento (anaconda *Python* sp.), com membros ausentes (ápodes), corpo alongado e boca com grande abertura (Figura 5.3).

Figura 5.3 – Esqueleto de serpente

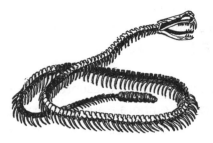

Figura 5.4 – Cabeça de serpente

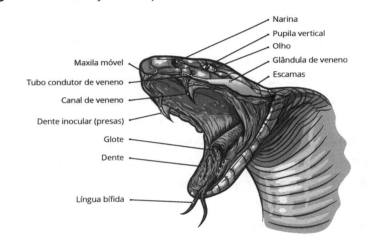

❓ Curiosidade

A variação do comprimento corporal dos répteis geralmente é considerada unidirecional, ou seja, aumenta continuamente durante toda a vida. No entanto, já foi observada retrabilidade no sentido do comprimento em iguanas marinhas das Ilhas

Galápagos. Nesses animais, os indivíduos adultos se tornaram 20% mais curtos em um período de dois anos, quando houve diminuição da disponibilidade de alimento causada pelo fenômeno climático El Niño (Wikelski; Thom, 2000).

Em serpentes, podem estar presentes órgãos sensoriais altamente especializados, embora a audição e a visão sejam pouco desenvolvidas. Para a termorrecepção, pode haver **fossetas loreais** e **labiais**. A língua bífida e o órgão vomeronasal são capazes de realizar quimiorrecepção. Serpentes podem ser definidas quanto ao tipo de dentição que apresentam: áglifas, proteróglifas, solenóglifas e opistóglifas (Figura 5.5). Áglifas não dispõem de dentes inoculadores de veneno e apresentam homodontia (ex.: sucuri, píton, caninana, jiboia). Proteróglifas têm, na região distal ou anterior da boca, dentes inoculadores com um sulco pelo qual escorre o veneno (veneno muito potente) (ex.: cobra-coral-verdadeira). Solenóglifas apresentam dentes inoculadores de veneno (veneno potente), móveis, com canal interno, que se projetam anteriormente na boca, já que estão na pré-maxila (ex.: cascavel e jararaca). Opistóglifas têm dente inoculador de veneno (veneno moderado) como último dente da série maxilar, portanto, em uma região mais proximal/interna da boca (ex.: falsa-coral). O fato de uma serpente ser considerada peçonhenta ou não diz respeito à condição de ela ter o veneno e, ainda, a dentição que lhe permita inoculá-lo, por isso raramente pode ser identificada apenas pelo formato do crânio ou da pupila.

Figura 5.5 – Dentição de serpentes: (A) serpente áglifa; (B) serpente opistóglifa; (C) serpente solenóglifa; (D) serpente proteróglifa

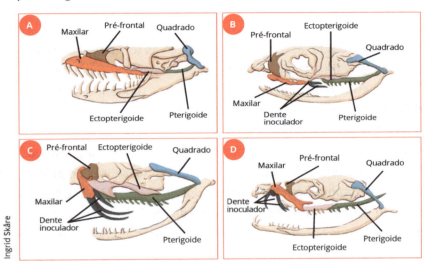

Por fim, Archosauria (ou Archosauromorpha) compreende crocodilianos (23 espécies atuais entre crocodilos, jacarés e gaviais) e todos os animais extintos conhecidos como *pterossauros* e *dinossauros*, além das aves, que veremos na próxima seção. O tegumento dos crocodilianos é composto de **escamas** e **placas córneas** epidérmicas, além de placas **ósseas dérmicas** (osteoderme). Na boca dos crocodilianos, há uma longa série de dentes e ausência de língua. A mordida é tida como a mais forte do Reino Animalia.

5.2 Aves

As aves integram o grupo mais derivado de Sauropsida, ou seja, é o agrupamento mais recente de répteis *lato sensu*. Compõem um grupo muito diverso (cerca de 11 mil espécies) e amplamente distribuído; esse sucesso ecológico as torna representantes do grupo de tetrápodes com maior número de espécies.

Em alguns grupos de répteis, houve uma tendência ao **bipedalismo** (Pough; Janis; Heiser, 2008), e isso fez com que os membros anteriores passassem a estar disponíveis para capturar e manipular presas, explorar o ambiente etc. As aves surgiram da linhagem de répteis bípedes, ou seja, dos dinossauros do grupo Therapoda (como tiranossauros e velocirraptores). As evidências são várias, como postura digitígrada (dedos sustentando o corpo), ossos pneumáticos, crânios menores, clavículas e esterno fundidos, pescoço alongado e em S (Hickman Jr. et al., 2017). No entanto, o registro evolutivo da primeira ave ainda não é bem estabelecido.

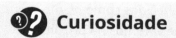 **Curiosidade**

A princípio, acreditava-se que os icônicos fósseis com penas *Archaeopteryx* sp. fossem o primeiro registro de aves. Porém, em 2011, um estudo demonstrou que essa espécie e outra semelhante (*Xiaotingia zhengi*) são mais relacionadas a outros dinossauros bípedes, como *Velociraptor* sp. e *Microraptor* sp. (Kaplan, 2011; Xu et al., 2011).

Figura 5.6 – Fotografia de fóssil *Archaeopteryx* sp.

Se você tivesse de citar uma característica morfológica das aves, provavelmente indicaria a presença de asas e/ou penas. De fato, as **asas** e as **penas** recobrindo o corpo são algumas das características mais notáveis das aves atuais. A saber, a pena é uma estrutura queratinizada surgida em alguns grupos de Therapoda, portanto não é uma exclusividade de aves. Contudo, das menores formas (como os beija-flores) até as grandes (como o condor-andino ou o avestruz), todas as aves apresentam asas e penas. A importância das penas para o voo é inegável, e várias modificações morfológicas, anatômicas e fisiológicas foram necessárias para que ele acontecesse.

Externamente, as aves atuais são aerodinâmicas, ou seja, têm características que favorecem a redução da densidade e diminuem o atrito com o ar. Apresentam **bico córneo** com ausência de dentes, pescoço longo e fino, crânio reduzido e com órbitas grandes (Figura 5.7). Abaixo das penas, a pele é seca, com uma única glândula cutânea: a **glândula uropigeana** ou uropigeal (com função de impermeabilização). Embora não haja relação direta com o voo, os pés podem apresentar várias modificações, como unhas, membranas interdigitais para natação e escamas epidérmicas (comuns a todos os répteis).

Internamente, as aves atuais têm **ossos pneumáticos** (ocos), redução ou fusão de ossos, ausência de bexiga, sistema digestório curto, fêmeas com apenas ovário e oviduto esquerdos (Figura 5.8). Adicionalmente a um sistema respiratório otimizado por **sacos aéreos** e pulmões (Figura 5.9), o sistema cardiovascular também sofreu adaptações importantes. O coração tem artéria aorta orientada para a direita, dois átrios e dois ventrículos completamente separados, impedindo a mistura de sangue venoso com o arterial. Assim, há aumento da taxa metabólica basal e da temperatura corporal. Portanto, são animais **endotérmicos**. Podem ou não apresentar o osso esterno projetado em **quilha** ou **carena**, o que aumenta a inserção muscular nos músculos peitorais.

O sistema nervoso é desenvolvido na maioria das espécies, com 12 pares de nervos cranianos. Assim como os outros grupos de répteis, aves são ovíparas, com ovo amniótico e casca calcária. Geralmente, apresentam dimorfismo sexual e raramente têm órgão copulatório, embora a fecundação seja interna.

Figura 5.7 – Esqueletos de aves

Morphart Creation e arogant/ Shutterstock

Figura 5.8 – Anatomia interna de galinha

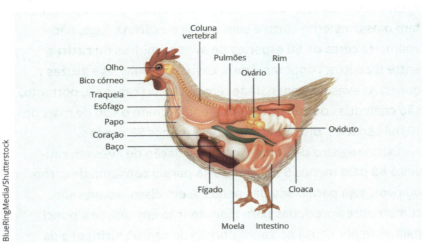

Figura 5.9 – Sistema respiratório de aves

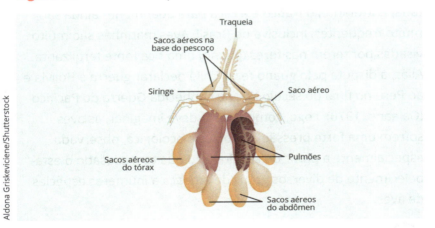

O clado Neornithes (*neo* = novo; *ornithe* = aves) agrupa as espécies atuais de aves. É dividido em Superordem Paleognathae (*paleo* = primitivo; *gnatha* = mandíbula) e Superordem Neognathae (*paleo* = moderno; *gnatha* = mandíbula)

segundo o formato do palato (região ao fundo da mandíbula). Além dessas características, as aves de Paleognathae apresentam o osso esterno curto e sem quilha ou carena, logo, não voam. Há cerca de 60 espécies de aves primitivas ou **ratitas**, entre macucos, codornas, emus, casuares, emas, avestruzes e quivis. As aves de Neognathae têm quilha ou carena e, portanto, são chamadas de **carinatas**. A carena permite o voo de mais de 10 mil espécies, distribuídas em pelo menos 23 ordens.

Existe registro de domesticação e criação de aves em cativeiro há pelo menos 5 mil anos, seja para o consumo de carne ou ovos, seja para o uso das penas. Além disso, as aves são comumente apreciadas para manutenção em cativeiro principalmente por causa do canto ("órgão do canto": **siringe**) e da plumagem.

Em muitos países, a caça de algumas espécies é regulamentada; entretanto, o tráfico e a caça para abatimento ainda são muito frequentes, inclusive no Brasil. Aves marinhas são muito visadas por terem nas fezes (guano) uma rica fonte fertilizante. Aliás, a disputa pelo guano fez o Chile declarar guerra à Bolívia e ao Peru no final do século XIX, na conhecida Guerra do Pacífico (Galeano, 1970). Logo, como você já deve imaginar, as aves sofrem uma forte pressão antrópica e ecológica, observada especialmente a partir do século XX, o que tem causado o estabelecimento de diversos graus de ameaça a inúmeras espécies de aves.

❔ Curiosidade

O mais longo registro de migração de aves é de 25 mil quilômetros, ida e volta, pela andorinha-do-mar. Para que seja possível atravessar o globo terrestre de norte a sul, do Ártico aos pampas argentinos, essa espécie acumula gordura (reserva) em determinadas regiões do corpo. Estratégias semelhantes são adotadas por centenas de outras aves migratórias que passam pelo Brasil, como o falcão-peregrino e a tesourinha.

5.3 Mamíferos

Agora que já abordamos todos os grupos de Amniota Sauropsida mais representativos (répteis não aves e aves), discutiremos o outro ramo de Amniota: Synapsida, o qual compreende animais que apresentam crânio com fossa temporal inferior. A linhagem de répteis que deu origem aos mamíferos é conhecida como *cinodontes*.

Por ser considerado um grupo monofilético, todas as quase 6 mil espécies de mamíferos estão agrupadas na Classe Mammalia. Ocupam todos os macroambientes terrestres, com hábitos arborícola, fossorial, dulcícola, marinho, voador; inclusive habitam geleiras e algumas ilhas remotas. O registro fóssil evidencia a presença de mamíferos a partir de 205 milhões de anos atrás, portanto no final do Triássico, com o pequeno e noturno gênero *Morganucodon*. Nesse período, havia domínio dos grandes répteis (dinossauros e pterossauros) e os continentes ainda não tinham se separado completamente.

Os mamíferos têm grande diversidade de tamanho e forma, de representantes com menos de 5 g (como vários morcegos e alguns ratos) até a baleia-azul, com cerca de 150 t e quase 30 m de comprimento. A longevidade também é muito variável, com espécies que vivem alguns meses e outras que ultrapassam

100 anos de vida. Contudo, todos os mamíferos apresentam características fundamentais: **mandíbula única** (osso dentário e esquamosal) e **dentes com esmalte** cuspidados e inseridos em alvéolos (dentes tecodontes). Ainda na região da cabeça, têm ouvido médio formado por três ossículos (**estribo**, **martelo** e **bigorna**), ilustrados na Figura 5.12, musculatura complexa e **palato secundário**. Este permitiu que os mamíferos comessem e respirassem concomitantemente. Associado a isso, o **diafragma** (músculo abaixo das costelas) tornou a respiração ainda mais eficiente. As costelas ligadas apenas às vértebras torácicas (Figura 5.10) e modificações na cintura pélvica e escapular trouxeram uma grande agilidade motora ao corpo dos mamíferos, inclusive para voar. Além disso, apresentam diversos tipos de glândulas no tegumento: pilíferas, sudoríparas, sebáceas, de cheiro e, dando nome à classe, mamárias.

Figura 5.10 – Ossos de um cão

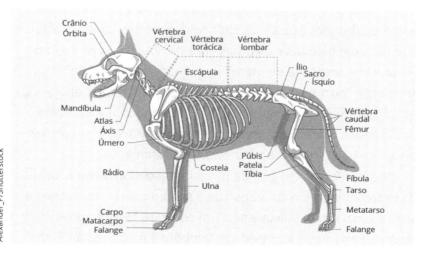

Figura 5.11 – Diversos representantes de mamíferos

Figura 5.12 – Anatomia do ouvido em humanos

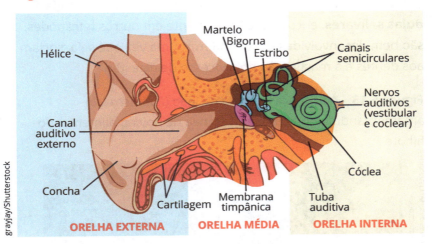

As **glândulas pilíferas** produzem o pelo (composto de queratina) dentro do folículo piloso, o qual é importante para regulação da temperatura, proteção, camuflagem e aspectos de comportamento. As **glândulas sudoríparas** estão localizadas na derme e têm a função de resfriar e hidratar a pele, além de eliminar algumas substâncias. As **glândulas sebáceas** estão associadas ao folículo piloso e geram hidratação e lubrificação ao pelo; também promovem a transpiração e a eliminação de toxinas. Já as **glândulas de cheiro** podem estar presentes ou não e têm função relacionada ao comportamento sexual, social e de proteção contra possíveis predadores. As **glândulas mamárias** são um complexo sistema de ductos derivados do tecido epitelial, os quais alcançam a superfície geralmente por meio de proeminências chamadas **tetas** ou **mamas** (Figuras 5.13 e 5.14). O **leite** é produzido nessas glândulas exócrinas, e sua composição varia conforme as espécies e o tempo de vida dos filhotes lactentes (filhotes que estão no período de receber amamentação). Embora sejam muito mais desenvolvidas em fêmeas, glândulas mamárias também estão presentes em machos. As **glândulas salivares**, encontradas igualmente em outros tetrápodes, são bem desenvolvidas em mamíferos, uma vez que se associam aos dentes e à mastigação no processo de digestão.

Figura 5.13 – À esquerda, fêmea de leão (*Panthera leo*) amamentando filhote; à direita, fêmea de bovino alimentando filhote

Nick Greaves e REHAN HUSSAIN IMAM/Shutterstock

Figura 5.14 – Glândula mamária em humanos

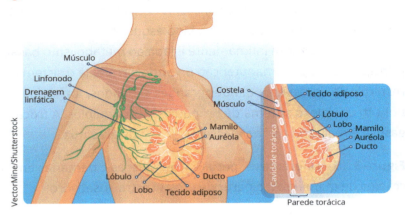

Como anexos da epiderme, podem estar presentes unhas, garras, cascos, cornos, chifres, entre outros, cujas funções podem ser relacionadas à defesa, ao comportamento social e sexual e à defesa-captura. **Unhas**, **garras** e **cascos** são formados de queratina e localizados na extremidade distal dos dígitos. **Cornos** (em bovídeos, caprinos e ovinos) são ossos pares sobressalentes do osso frontal craniano, cobertos por queratina, não ramificados e permanentes. **Chifres** (machos de cervos e veados) são ossos pares sobressalentes da parte frontal do crânio, cobertos por queratina, ramificando-se a cada troca (geralmente anual).

O sistema nervoso é altamente especializado, com diversos órgãos e estruturas de sentidos especializados para audição, visão, olfação, equilíbrio, paladar, tato, ecolocalização, entre outros. O sistema digestório tem morfologia e fisiologia adaptadas ao hábito alimentar, de forma geral mais longo e desenvolvido em herbívoros e mais curto e pouco desenvolvido em carnívoros e insetívoros (Figura 5.15). O sistema circulatório consiste de dois átrios e dois ventrículos completamente separados e com a **aorta** voltada para o lado esquerdo. A circulação é muito eficiente e está intimamente ligada ao metabolismo basal, principalmente para manutenção da **endotermia**. Já o sistema respiratório apresenta pulmões grandes e lobados, formados por um complexo sistema de brônquios e bronquíolos. A troca gasosa é realizada ao final desse sistema, nos **alvéolos**.

Figura 5.15 – Diferentes especializações ósseas e dentárias em crânios de mamíferos, a partir de um ancestral insetívoro

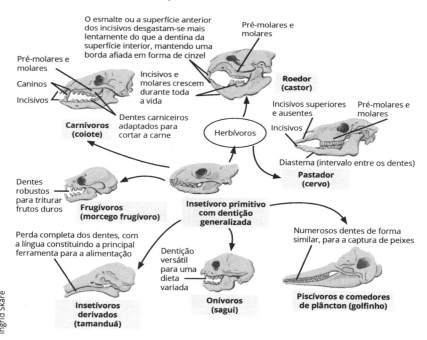

Fonte: Hickman Jr. et al., 2017, p. 587.

Entre os mamíferos modernos, surgidos a partir de 166 milhões de anos atrás, há tradicionalmente três grupos: monotremados (Prototheria), marsupiais (Metatheria) e placentários (Eutheria) (Wilson; Reeder, 2005). Monotremados compreendem um grupo pequeno com apenas uma ordem (Monotremata) e com dez gêneros (Figura 5.16), entre os quais estão os atuais ornitorrincos (*Ornithorhynchus* sp.) e as equidnas (*Zaglossus* sp. e *Tachyglossus* sp.). As formas atuais estão restritas à Oceania (Austrália, Tasmânia e Nova Guiné) e ocupam tocas e túneis, com hábito semiaquático. Por serem o primeiro grupo de mamíferos modernos a se diversificar, apresentam algumas características ancestrais: não apresentam mamas ou mamilos, embora produzam leite, que escorre por meio dos pelos, na região mamária, e é sugado pelos filhotes; têm cloaca e bico córneo sem dentes funcionais; são ovíparos, e algumas fêmeas têm uma bolsa temporária de armazenagem dos ovos até a eclosão.

Figura 5.16 – Exemplos de mamíferos monotremados (Monotremata, Prototheria): (A) ornitorrinco (*Ornithorhynchus* sp.); (B) equidna-de-bico-longo (*Zaglossus* sp.); (C) equidna-de--bico-curto (*Tachyglossus* sp.)

Valentyna Chukhlyebova, Keitma e Illia Khurtin/ Shutterstock

Metatheria (*meta* = intermediário; *theria* = fera, animal feroz) é o grupo de mamíferos cujos representantes atuais são os marsupiais (Marsupialia). Atualmente, estão restritos às Américas e à Oceania. Na Austrália e na Nova Guiné, os representantes mais conhecidos são cangurus (*Macropus* sp.), coalas (*Phascolarctos cinereus*), lobos ou tigres-da-tasmânia (*Thylacinus cynocephalus*) e vombates (*Lasiorhinus* sp. e *Vombatus* sp.). Na América do Norte, há apenas uma única espécie de gambá (*Didelphis virginiana*). Já na América Latina, há mais de 200 espécies de gambás, cuícas e catitas, predominantemente onívoras, noturnas e de hábito terrestre, arborícola e semiaquático, distribuídas praticamente em todos os biomas.

O nome *marsupial* se deve ao fato de as fêmeas apresentarem uma bolsa de pele chamada *marsúpio* (Figura 5.17). A mãe marsupial dá à luz seus filhotes precocemente, ainda no período embrionário, sendo, portanto, animais vivíparos. Logo, os filhotes precisam sair da vagina, chegar à região abdominal e adentrar o marsúpio, onde estão as mamas e poderão completar seu desenvolvimento. Além da presença dessa bolsa, o grupo se distingue pela dentição, a qual é parcialmente decídua, ou seja, apenas parte dos dentes substituídos. Quanto aos anexos embrionários, têm uma placenta reduzida de origem coriovitelínica.

Figura 5.17 – Exemplos de mamíferos marsupiais (Marsupialia, Metatheria): (A) mães e filhotes de cangurus (*Macropus* sp.); (B) filhotes de gambá (*Didelphis marsupialis*) dentro do marsúpio da mãe; (C) vombate (*Lasiorhinus* sp.)

 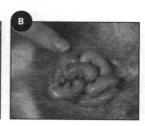 

Eutheria (*eu* = verdadeiro; *theria* = fera, animal feroz), grupo-irmão de Metatheria, compreende todas as demais espécies de mamíferos. As fêmeas fecundadas apresentam útero com um anexo embrionário adicional: a placenta cório-alantoica, considerada a placenta verdadeira. O embrião se desenvolve dentro da placenta, cuja formação se dá por membranas extraembrionárias. Pela placenta, há um intercâmbio de substâncias nutritivas, gases e secreções entre mãe e feto, além de esse anexo permitir a fixação do embrião na parede uterina. A gestação tem período variável, mas o desenvolvimento embrionário é integralmente intrauterino. O aleitamento materno também varia entre as espécies, mas a grande maioria apresenta mamas abdominais, peitorais ou axilares. Baleias e golfinhos, em razão da hidrodinâmica, não apresentam tetas. Nas fêmeas lactantes, os músculos da região peitoral ejetam leite diretamente nas proximidades da boca dos filhotes, uma vez que as mães são desprovidas de mamas e os filhotes não têm lábios musculares capazes de sugar. São reconhecidas mais de 25 ordens de mamíferos placentários; abordaremos as ordens mais biodiversas e aquelas com representantes no Brasil.

A **Ordem Insectivora** corresponde aos placentários mais primitivos, de hábito alimentar insetívoro, como toupeiras e mussuaranas. A **Ordem Rodentia** (*rodere* = roer) é a mais representativa, pois inclui quase metade das espécies de mamíferos, como ratos, camundongos, cutias, pacas, esquilos, capivaras e ouriços. A **Ordem Chiroptera** (*chiro* = mão; *ptera* = asa) é a segunda mais representativa, com mais de 1,2 mil espécies de morcegos, os únicos mamíferos com voo verdadeiro. A **Ordem Carnivora** (*carni* = carne; *vora* = comer) apresenta uma das maiores diversidades de formas, com cerca de 300 espécies viventes de canídeos (cães, hienas, lobos, raposas), felídeos/felinos, ursos, morsas, lontras, quatis e guaxinins. A **Ordem Cetacea** (*cetos* = monstro marinho) compreende aproximadamente 45 espécies aquáticas viventes, como baleias, orcas, golfinhos, botos e toninhas. A **Ordem Sirenia** (*sirenia* = sereia) também tem representantes aquáticos e, embora tenha abrangido muitas espécies, atualmente integra peixes-boi ou manatis (*Trichechus* sp.) e dugongos (*Dugong dugon*). A **Ordem Artiodactyla** (*artio* = par; *dactyla* = dedo) inclui 220 espécies entre porcos, javalis, queixadas, hipopótamos, camelídeos (camelos, lhamas, alpacas, vicunhas), girafas, cervídeos (cervos, veados) e bovídeos (gazelas, gnus, impalas, bovinos, cabras). A **Ordem Perissodactyla** (*perisso* = ímpar; *dactyla* = dedo) integra cerca de 17 espécies viventes, entre antas, cavalos, zebras e rinocerontes. A **Ordem Xenarthra** (Pilosa + Cingulata) apresenta nove gêneros viventes de tatus, cinco de tamanduás e dois de preguiças, que compartilham a característica de ausência de dentes. A **Ordem Primates** integra cerca de 300 espécies viventes reconhecidas, que incluem lêmures, macacos e nós, humanos. A **Ordem Lagomorpha** (*lago* = lebre; *morpha* = forma) compreende quase 100 espécies viventes de coelhos, lebres e tapitis.

Figura 5.18 – Diversas ordens de espécies de mamíferos com placenta verdadeira (Eutheria)

Figura 5.19 – Árvore filogenética dos principais grupos de mamíferos (Classe Mammalia). Os números entre os ramos indicam o tempo de divergência estimado do grupo

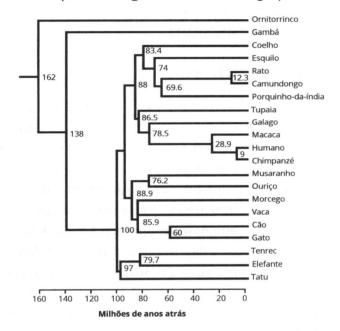

Fonte: Trajano, 2021, p. 190.

Nos diversos ecossistemas em que estão presentes, os mamíferos ocupam vários níveis tróficos da cadeia alimentar, de herbívoros até grandes predadores. Porém, também servem de alimento para muitos animais, inclusive para grandes predadores selvagens e humanos. Muitas espécies podem ser bioindicadores da qualidade ambiental, já que são sensíveis às ações antrópicas ou são abundantes apenas em certos ambientes. Outras podem ser consideradas pragas urbanas e rurais (como roedores), uma vez que podem ser muito abundantes e vetores de inúmeras doenças. Outras são importantes polinizadores e dispersores de sementes, essenciais em quaisquer ecossistemas.

Mamíferos são amplamente utilizados em testes (de medicamentos, produtos químicos, cosméticos etc.) e como alimento (carne, leite, gordura). Bovinos, ovinos, caprinos, suínos e equinos foram os principais mamíferos terrestres domesticados pela espécie humana (Diamond, 2018).

5.4 A espécie humana

Até aqui, exploramos bastante a história evolutiva dos organismos. Mas e quanto à espécie humana? O ramo evolutivo que deu origem aos seres humanos (Ordem Primates) se ramificou da linhagem mais basal dos mamíferos: a Ordem Insectivora. Assim, por serem um grupo derivado de ancestrais arborícolas, os primatas mantiveram algumas características desse hábito: **cinco dígitos**, com o **dedo polegar opositor** em pés e mãos (90° em relação aos outros dedos); **visão binocular** colorida e tridimensional; focinho ou **rostro reduzido**; geralmente **cauda longa** com grande amplitude de movimento; cintura escapular bem desenvolvida. Em relação a outros mamíferos, primatas têm **grande volume cerebral** (Pough; Janis; Heiser, 2008; Neves; Rangel Junior; Murrieta, 2015).

É provável que você já tenha ouvido a seguinte indagação: "Humanos vieram dos macacos?". A resposta é que depende do nível evolutivo que estivermos considerando. Isso porque já somos uma variedade de primatas/macacos, pois apresentamos uma série de características, como as anteriormente citadas, comuns a todos os primatas. Em contrapartida, a linhagem que deu origem aos chimpanzés e aos humanos era de macacos. Logo, essa recorrente indagação não é plausível para a ciência.

Os humanos (gênero *Homo*) e os chimpanzés (gênero *Pan*) divergem de um ancestral comum de cerca de 7,5 milhões de anos atrás, o que foi evidenciado pelo fóssil *Sahelanthropus tchadensis*. À medida que o grau de semelhanças e diferenças entre chimpanzés e humanos foi sendo estudado e notado, a ciência foi realocando as espécies. O mesmo aconteceu com os humanos atuais, modernos e primitivos. Assim, a classificação biológica estabelece que todos os humanos e seus ancestrais bípedes pertencem à Família Hominidae (Figura 5.20). Entre os **hominídeos**, os grupos mais assemelhados aos humanos atuais compartilham um clado chamado *Tribo Hominini*, os **homininíos**. Os representantes desse agrupamento ainda não estão muito bem estabelecidos, mas antropólogos (pesquisadores especialistas no estudo do ser humano e da humanidade) reconhecem ao menos cinco gêneros (Neves; Rangel Junior; Murrieta, 2015).

Figura 5.20 – Diferenças da postura bípede entre *Australopithecus afarensis*, chimpanzé e humano

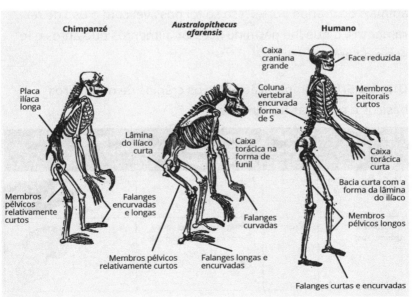

Fonte: Pough; Janis; Heiser, 2008, p. 644.

A espécie que nós representamos, *Homo sapiens*, surgiu há aproximadamente 200 mil anos. Chamados de *humanos modernos* ou *atuais*, esses seres apresentam volume cerebral considerado grande, de aproximadamente 1.300 cm³, o que corresponde a cerca de 2,5% do peso corpóreo e a um consumo de por volta de 25% da energia do corpo (Harari, 2015). O volume cerebral é uma característica que variou muito entre as linhagens de outros primatas e de mamíferos em geral, como podemos ver no Quadro 5.1, a seguir, o que acarreta diferentes adaptações, comportamentos etc. Outra característica importante de *H. sapiens* foi a postura ereta e bípede, a qual deixou os braços livres para manipular alimentos e ferramentas. Do ponto de vista ecológico, na grande maioria da história evolutiva, o gênero *Homo* ocupava uma posição intermediária na cadeia alimentar, como caçador-coletor. Foi somente a partir de *Homo sapiens* que começou a ser predominantemente caçador de animais de grande porte. Isso só foi possível com o uso de ferramentas, o que lhe permitiu acessar alimentos que antes não eram digeríveis.

Quadro 5.1 – Comparação entre os crânios de mamíferos básicos e primatas hominínios

Exemplo	Volume cerebral	Entrada dos nervos da coluna vertebral (forâmen magno)	Face ou rostro	
Média de mamífero adulto com ~60 kg	200 cm³	Atrás do crânio	Alongado	
Chimpanzés (gênero *Pan*)	450 cm³	Na diagonal entre as partes inferior e posterior do crânio	Médio	

(continua)

(Quadro 5.1 – conclusão)

Exemplo	Volume cerebral	Entrada dos nervos da coluna vertebral (forâmen magno)	Face ou rostro	
Primeiros humanos	600 cm³	Embaixo do crânio, verticalizado	Médio	
Humanos modernos (*Homo neanderthalis*)	1.600 cm³	Embaixo do crânio, verticalizado	Curto	
Humanos atuais (*Homo sapiens*)	1.300 cm³	Embaixo do crânio, verticalizado	Curto e recuado abaixo do neurocrânio	

Morphart Creation/ Usagi-P/Shutterstock

Fonte: Elaborado com base em Neves; Rangel Junior; Murrieta, 2015; Harari, 2015.

Algumas linhagens de humanos foram contemporâneas entre si, ou seja, viveram durante milhares de anos concomitantemente, embora geralmente em regiões distintas do globo. Entre elas está *Homo neanderthalensis*, que permaneceu no planeta entre 230 mil e 28 mil anos atrás. Já *Homo erectus* surgiu há 1,8 milhão de anos e desapareceu cerca de 30 mil anos atrás. Em 1974, na África, foi encontrado o fóssil depois denominado Lucy: um fóssil de *Australopithecus afarensis* datado de 3,3 milhões de anos.

Figura 5.21 – Possível história evolutiva dos hominínios (Família Hominidae, Tribo Homininae)

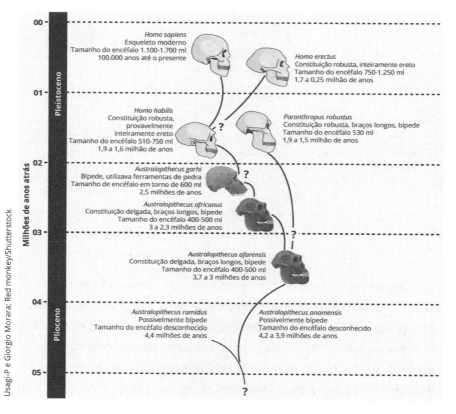

Fonte: Hickman Jr. et al., 2017, p. 600.

Há 70 mil anos, na Indonésia, uma explosão vulcânica reduziu a população de *H. sapiens* em cerca de 10 mil indivíduos. Podia ser considerado "um animal insignificante cuidando da sua própria vida em algum canto da África", como salienta Harari (2015, p. 427), uma vez que não apresentava características físicas ou comportamentais expressivas que justificassem estar no topo da cadeia alimentar, por exemplo. Entretanto, originados desses indivíduos remanescentes, os humanos modernos passaram a dominar o resto do planeta e extinguir as demais espécies. Acredita-se que há 45 mil anos houve uma diáspora até a Austrália, provocando a extinção da megafauna australiana. Posteriormente, passaram a ocupar todas as regiões do planeta. Há 16 mil anos, povoaram o continente americano, causando a extinção de boa parte da megafauna americana. Assim, *H. sapiens* difere de outros vertebrados pelo fato de ter dominado todos os *habitat* da Terra com uma única espécie.

Essa ampla dominação trouxe consequências diretas e indiretas a esses ambientes e às espécies neles contidas. A partir do século XXI, muitos pesquisadores de diversas áreas do conhecimento passaram a considerar o tempo geológico atual como Período Antropoceno (*antropo* = humano; *ceno* = período geológico). Cunhado pela primeira vez em meados de 2010 pelo químico Paul Crutzen (ganhador do Prêmio Nobel em 1995), esse conceito diz respeito a diversas mudanças ambientais globais resultantes das atividades humanas. Ainda há discordância quanto ao marco do início do Antropoceno, que varia de 1610 (a partir da intensiva colonização e exploração das Américas) a 1964 (a partir da intensiva corrida espacial da Guerra Fria). No entanto, há consenso de que, em meados de 2050, a Terra entrará em colapso ambiental, associado a inúmeras causas (Lewis; Maslin, 2015), algumas das quais trataremos no próximo capítulo. Para finalizar, cabe destacar a observação do antropólogo evolucionista Walter Neves (citado por Esteves, 2017) "Se as pessoas soubessem o que custou para nossa espécie chegar a tamanha diversidade, se entendessem a complexidade do processo evolutivo, seriam mais tolerantes umas com as outras".

Síntese

Neste quinto capítulo, tratamos dos animais conhecidos como *tetrápodes amniotos* (Amniota). Divididos de acordo com o formato do crânio, os amniotos deram origem a Synapsida (mamíferos) e Sauropsida (répteis e aves). Esses grupos apresentaram diferentes estratégias diante dos desafios da vida terrestre.

Vimos que o que chamamos de *répteis* (Sauropsida) corresponde a um grupo polifilético, portanto, com uma grande diversidade de formas. Do ponto de vista evolutivo dos "répteis", o grupo das tartarugas é o mais antigo, e o grupo das aves é o mais recente. Com base em características morfológicas e moleculares, o grupo das aves é considerado um grupo-irmão do grupo extinto de alguns dos dinossauros, Therapoda. O grupo das aves sofreu diversas especializações anatômicas e fisiológicas que permitiram conquistar o ambiente aéreo com o voo, além da endotermia.

Em Synapsida, ao longo da história evolutiva dos vertebrados, o esqueleto dos mamíferos é o que se tornou mais simples, enquanto se complexificaram os processos de ossificação, inclusive para voar. Somos nada mais do que peixes de nadadeiras lobadas que sofreram adaptações e especializações aos ambientes terrestre e aéreo. Ocorreram também a endotermia e o surgimento de diversas glândulas, como a glândula mamária, que dá nome ao grupo.

Como destacamos, os humanos atuais são primatas (Ordem Primates) do mesmo grupo que deu origem a gibões, bonobos, chimpanzés e gorilas. Discutimos o fato de algumas linhagens de humanos viverem em uma mesma época, embora geralmente em diferentes regiões do planeta. Por fim, recorremos às palavras de Harari (2018, p. 272): "o que deu ao *H. sapiens* uma vantagem em relação a todos os outros animais e nos tornou os senhores do planeta não foi nossa racionalidade individual, mas nossa incomparável capacidade de pensar juntos em grandes grupos".

 Indicações culturais

FOUTS, R. **O parente mais próximo**: o que os chimpanzés me ensinaram sobre quem somos. 2. ed. São Paulo: Objetiva, 1998.
Nesse livro, o autor e cientista Roger Fouts descreve estudos de comportamento de animais, sobretudo dos primatas, a fim de buscar explicar o comportamento humano.

HARARI, Y. N. **Sapiens**: uma breve história da humanidade. Porto Alegre: L&PM, 2015.
Nesse *best-seller*, o autor apresenta um ensaio sobre a trajetória da humanidade ao longo da história evolutiva dos hominínios.

HARARI, Y. N. **21 lições para o século 21**. São Paulo: Companhia das Letras, 2018.
Essa obra lança um olhar para o tempo presente e/ou um futuro próximo por meio da abordagem de 21 questões contemporâneas, as quais transitam entre desafios tecnológicos e políticos, desespero e esperança, verdade e resiliência.

MCM – Museu de Ciências Morfológicas. Disponível em: <https://www.ufmg.br/rededemuseus/mcm/>. Acesso em: 13 abr. 2021.
Esse museu, vinculado à Universidade Federal de Minas Gerais (UFMG), trata de diversas áreas de conhecimento fundamentais ao entendimento da estrutura e do funcionamento dos organismos, principalmente com enfoque humano.

NEVES, W. A saga da humanidade. **Canal USP**, 30 set. 2020. 12 vídeos. Disponível em: <https://www.youtube.com/playlist?list=PLAudUnJeNg4sUpVQaygeymsa8fVsZjkCb>. Acesso em: 13 abr. 2021.
Conhecido como "pai da Luzia", o fóssil mais antigo das Américas, que se encontra no Museu Nacional do Rio de Janeiro, Walter Neves discute nessa série de episódios a evolução do grupo dos hominínios.

WIKIAVES. Disponível em: <https://www.wikiaves.com.br/>. Acesso em: 13 abr. 2021.
Esse sítio eletrônico é um projeto colaborativo entre diversos membros da comunidade ornitóloga brasileira. Atualmente, constitui-se na maior base digital de dados sobre aves no Brasil. Com os objetivos de apoiar, divulgar e promover a atividade de observação de aves, a plataforma fornece gratuitamente diversas ferramentas fotográficas, sonoras e geográficas para auxiliar na identificação das espécies.

Atividades de autoavaliação

1. Sobre répteis, é correto afirmar:

   A) São animais com pouca diversidade morfológica e sempre apresentam ectotermia.
   B) A respiração ocorre por brânquias se aquáticos e por pulmões se terrestres.
   C) São predominantemente vivíparos.
   D) Apresentam pele fina e com muitas glândulas.
   E) Têm ovos com casca e pele grossa.

2. Quanto à diversidade dos répteis, assinale a alternativa correta:

   A) Testudines são representados por tartarugas, jabutis e cágados.
   B) Entre os grupos de répteis, as serpentes são mais aparentadas das aves.
   C) São todos endotérmicos.
   D) O surgimento das penas ocorreu apenas no grupo das aves.
   E) A língua bífida é exclusividade das serpentes peçonhentas.

3. Assinale o que **não** é considerado adaptação morfológica das aves para auxiliar no voo:

   A) Ossos pneumáticos.
   B) Ausência de dentes e de bexiga urinária.
   C) Presença de penas.
   D) Osso esterno sem quilha.
   E) Presenças de sacos aéreos associados aos pulmões.

4. Assinale o que é exclusividade de mamíferos:
   - **A** Presença de glândulas.
   - **B** Presença de pulmões.
   - **C** Presença de três ossículos no ouvido médio (martelo, estribo e bigorna).
   - **D** Bipedalismo.
   - **E** Coração com dois átrios e dois ventrículos.

5. Sobre a evolução da espécie humana, pode-se afirmar:
   - **A** *Homo sapiens* teve como ancestrais os pequenos macacos das Américas.
   - **B** O fóssil mais antigo encontrado no Brasil foi batizado de Luzia.
   - **C** A evolução foi um processo linear do ponto de vista da trajetória dos grupos relacionados.
   - **D** *Homo sapiens* são mais robustos dos que outras espécies do gênero *Homo*.
   - **E** *Homo habilis* tem a postura bípede mais ereta.

Atividades de aprendizagem

Questões para reflexão

1. Pesquise e reflita sobre a importância relativa da quimiorrecepção e da fotorrecepção para animais aquáticos e aéreos.
2. É provável que você já tenha visto a imagem a seguir em algum lugar. Comumente, ela é tratada como uma representação da evolução da espécie humana. Segundo seus conhecimentos sobre sistemática filogenética e espécie humana adquiridos neste livro, indique o erro conceitual e avalie as possíveis consequências da divulgação desse tipo de imagem para a comunidade em geral.

Figura A – Representação equivocada de evolução humana

Atividades aplicadas: prática

1. Diversos termos, como *lagartear*, fazem referência à capacidade dos animais de regular a temperatura do corpo. Diferencie os conceitos antigos de *pecilotermia* e *homeotermia* dos conceitos de *ectotermia* e *endotermia*, atualmente adotados.
2. Faça uma pesquisa informal com amigos, colegas e familiares sobre o sentimento deles em relação às serpentes. Tente avaliar se as respostas dadas são carregadas de crendices populares negativas e se essas pessoas conhecem a importância ecológica dessas espécies.
3. De forma geral, os mamíferos apresentam heterodontia, ou seja, dentes com diferentes formatos. Podemos fazer inferências sobre a dieta animal com base no formato e na robustez dos dentes, além de compreender aspectos ecológicos e comportamentais. Faça uma pesquisa sobre crânios de mamíferos e observe se é possível julgar esses aspectos alimentares, ecológicos e comportamentais de acordo com as informações encontradas.

CAPÍTULO 6

ASPECTOS ECOLÓGICOS, AMBIENTAIS, CIENTÍFICOS E DE SAÚDE PÚBLICA RELACIONADOS À DIVERSIDADE BIOLÓGICA,

Neste livro, já tratamos da diversidade de protozoários e de animais atuais e extintos, bem como de aspectos morfológicos, ecológicos, fisiológicos, evolutivos e econômicos referentes a esses grupos. Agora, podemos nos perguntar: Quais seriam as causas e as consequências dessa diversidade? Quais seriam as possíveis ameaças ambientais locais e globais que envolvem esses organismos?

Em 2015, a Organização das Nações Unidas (ONU) firmou compromissos de alertar e conservar a biodiversidade e os *habitat* terrestre e marinho. É possível que 90% das espécies que já existiram no planeta estejam atualmente extintas (Neves, citado por Esteves, 2017), o que nos impede de conhecer a real diversidade. Ou seja, a sobrevivência adaptativa é a exceção.

Neste último capítulo, trataremos das ameaças ambientais e para a saúde pública e das diretrizes e possíveis estratégias para a conservação dos *habitat* e das espécies, sobretudo as espécies animais, que são o escopo desta obra.

Curiosidade

Desde meados da década de 1960, a legislação brasileira prevê uma série de instrumentos e diretrizes normativos com vistas à proteção à fauna (Leis Federais n. 5.197/1967 e n. 13.123/2015) e à conservação de *habitats* (Leis Federais n. 9.985/2000 e n. 9.433/1997). A proteção à fauna e a manutenção da biodiversidade são, portanto, entendidos como direitos constitucionais (Constituição Federal de 1988) e a fiscalização é competência federal, estadual e municipal.

6.1 As doenças negligenciadas causadas por protozoários

Como vimos no Capítulo 1, diversos protozoários podem acometer humanos e espécies próximas. Dos pontos de vista ecológico e evolutivo, isso ocorre porque parte do ciclo de vida dos protozoários necessita de alguns recursos (alimentares, de metabolismo, de ambiente etc.) que humanos são capazes de lhes "oferecer". Assim, temos um exemplo de parasitismo.

Logo, o parasitismo é a associação biológica na qual um organismo (parasita) prejudica ou vive à custa de outro organismo (hospedeiro). Os parasitos, quanto ao mecanismo, podem causar algum tipo de influência negativa sobre seus hospedeiros na alimentação, danos mecânicos ou químicos etc. Concomitantemente, muitas espécies de hospedeiros são capazes de produzir uma resposta a uma infecção por parasito por meio, principalmente, do sistema imunológico. Chamamos de *hospedeiro definitivo* o organismo no qual o parasita realiza a reprodução sexuada e de *hospedeiro intermediário* o parasita que abriga a reprodução assexuada. Além disso, denominamos *causador* o organismo que provoca o parasitismo e suas consequências (doenças) e *transmissor* o organismo que apenas serve de vetor para que o causador atinja o hospedeiro.

Visto isso, cabe destacar que os protozoários podem ocasionar diversas doenças. Protozoários Excavata são causadores de doenças intestinais leves, como a giardíase (*Giardia lamblia*), transmitida pela água contaminada; da doença sexualmente transmissível tricomoníase (*Trichomonas vaginalis*); da doença de Chagas ou tripanossomíase (*Trypanosoma cruzi*), transmitida pelo inseto barbeiro; da leishmaniose ou úlcera-de-bauru (*Leishmania* sp.), transmitida pelo mosquito-palha. Protozoários Amoebozoa, como *Entamoeba histolytica*, causam a doença intestinal conhecida como *disenteria amebiana*, transmitida por água contaminada. Protozoários Alveolaria são os causadores da malária (*Plasmodium* sp.), transmitida pelo mosquito-prego, e da toxoplasmose (*Toxoplasma gondii*), ocasionada pela ingestão de alimentos e água contaminados.

Figura 6.1 – Ciclo de vida do protozoário causador da doença de Chagas ou tripanossomíase (*Trypanosoma cruzi*)

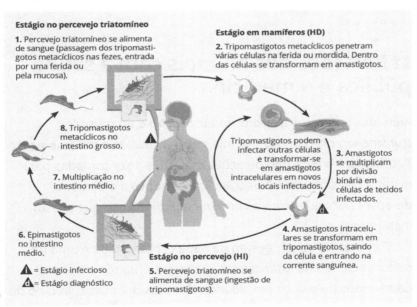

Figura 6.2 – Ciclo de vida do protozoário causador da malária (*Plasmodium* sp.)

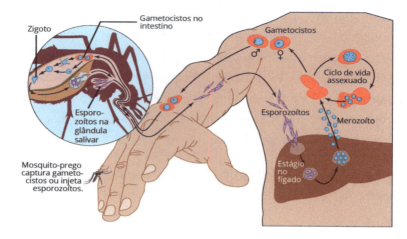

6.2 Relações dos animais com a saúde pública e a medicina

Além dos conceitos de *parasita/hospedeiro* e de *causador/transmissor*, precisamos discutir sobre profilaxia e tratamento. **Profilaxia** é o conjunto de ações que devem ser tomadas para evitar a contaminação/infecção. **Tratamento** é o conjunto de ações para lidar com a contaminação/infecção que já está instaurada.

O contato e/ou a ingestão de água contaminada é uma das maiores causas de doenças em humanos. Quando a humanidade começou a viver em cidades, diversas doenças cujo ciclo de vida inclui humanos e outros animais foram se tornando cada vez mais comuns. A urbanização associada ao sedentarismo das pessoas e às precárias condições sanitárias (como ausência de tratamento de água e esgoto) causaram um caos sanitário paulatino (Diamond, 2018). A transmissão urbana de várias doenças passou a ser mais rápida e eficaz, uma vez que a população se tornou mais densa e numerosa.

Chamamos de **verminoses** as doenças causadas por vermes, principalmente aqueles incluídos nos filos Platyhelminthes e Nematoda (Neves et al., 2004). *Taenia saginata* (Cestoda, Platyhelminthes) é a espécie causadora da teníase, e os bovinos são hospedeiros intermediários (Figura 6.3). Já *T. solium* (Cestoda, Platyhelminthes) causa a teníase ou, na forma menos usual, a cisticercose; o porco é o hospedeiro intermediário (Figura 6.4). *Schistosoma mansoni* (Trematoda, Platyhelminthes) provoca a doença conhecida como *esquistossomose* ou *barriga d'água*, cujo hospedeiro intermediário é o caramujo *Biomphalaria* sp. (Figura 6.5).

Figura 6.3 – Ciclo de vida do platelminto causador da teníase (*Taenia saginata*)

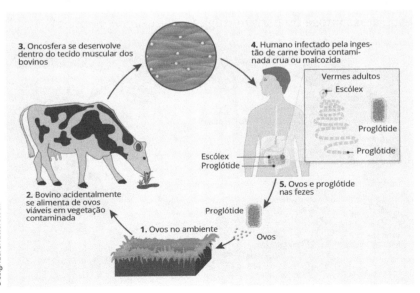

Figura 6.4 – Ciclo de vida do platelminto causador da teníase ou da cisticercose (*Taenia solium*)

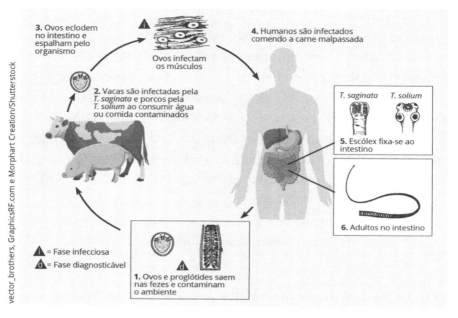

Figura 6.5 – Ciclo de vida do platelminto causador da esquistossomose ou barriga-d'água (*Schistosoma mansoni*)

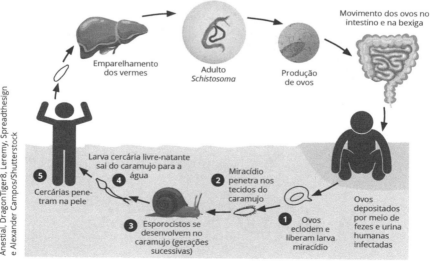

Já no Filo Nematoda, os vermes parasitas mais importantes para a saúde humana são *Ascaris lumbricoides* (causador da lombriga ou ascaridíase) (Figura 6.6) e *Ancylostoma* sp. (causador do bicho-geográfico e do amarelão) (Figura 6.7).

Figura 6.6 – Ciclo de vida do nematódeo casador da lombriga ou ascaridíase (*Ascaris lumbricoides*)

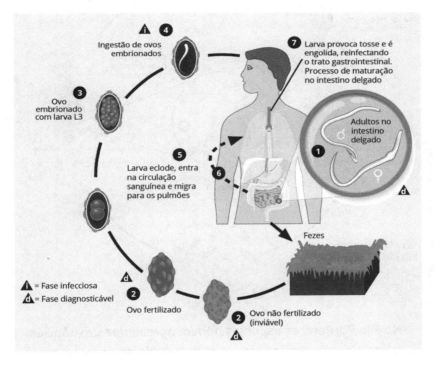

Figura 6.7 – Ciclo de vida do nematódeo causador do bicho-geográfico e do amarelão (*Ascylostoma duodenale*)

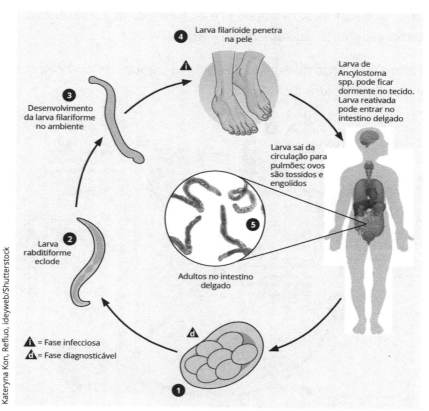

No Filo Porifera, as esponjas podem apresentar substâncias químicas e partículas nas espículas da parede do corpo, provocando, ao menos, irritações na pele humana. Já no Filo Cnidaria, águas-vivas e caravelas são frequentemente causadoras de queimaduras de leve e médio graus, podendo levar à morte de pessoas dependendo da espécie e do nível de toxicidade de seus cnidócitos.

A **hematofagia** ou **sanguivoria**, isto é, a utilização de sangue como alimento, é comum em diversos grupos de animais não aparentados, como mutucas, mosquitos e percevejos (Filo Arthropoda, Classe Insecta/Hexapoda); carrapatos (Filo Arthropoda, Acariformes); sanguessugas (Filo Annelida, Classe Hirudinea); morcegos (Filo Chordata, Classe Mammalia). Mosquitos são vetores de diversas doenças provocadas por vírus (como febre amarela, zika e dengue) e protozoários (já abordados no início do capítulo). O percevejo *bedbug* e o piolho são causadores de alergias cutâneas; já o percevejo barbeiro é vetor da doença de Chagas. Carrapatos-estrela podem ser vetores da doença bacteriana da febre maculosa. Ainda não são conhecidas doenças transmitidas pelas sanguessugas aos humanos. Morcegos-vampiros podem ser vetor de doenças, como o vírus da raiva, porém qualquer mamífero pode transmiti-la; portanto, não está intimamente ligada à sanguivoria.

Quanto aos **fatores benéficos** para a saúde pública, diversos medicamentos e outras substâncias são produzidos e/ou testados em animais. Isso acontece na produção de insulina para diabéticos (geralmente em equinos), na fabricação de vacinas (geralmente em macacos) e em outras terapias e estudos para desvendar mecanismos fisiológicos humanos. Logicamente, você pode estar se perguntando se o uso de animais para esses tipos de testes leva em conta o bem-estar animal e a ética. No Brasil, todas as pesquisas e experimentações passam por comitês de ética e devem ser orientadas por diretrizes e regulamentações vigentes.

Por fim, no Filo Chordata, anfíbios anuros e serpentes são frequentemente associados ao seu veneno. De forma geral, os anfíbios não têm capacidade de inoculação de veneno; são, pois, considerados apenas **venenosos**. Logo, a preocupação com a saúde se deve à manipulação e à ingestão acidental de muco da pele do anfíbio quando levado às mucosas humanas. Por sua vez, serpentes e alguns lagartos apresentam estruturas inoculadoras de veneno, por isso podem ser venenosos e **peçonhentos**.

6.3 Relações dos animais com a agricultura e o meio ambiente

Nos capítulos anteriores deste livro, vimos que diversos animais servem como **bioindicadores** da qualidade ambiental. Muito se tem estudado sobre as redes de interação biológica entre os seres vivos, o que pode ser extremamente útil para o controle biológico e o papel da biodiversidade no manejo de pragas (Altieri; Silva; Nicholls, 2003) ou, ainda, no uso de técnicas artificiais de polinização e dispersão das plantas.

Vários animais terrestres, voadores e até mesmo aquáticos são importantes **polinizadores** e **dispersores de sementes**. Uma grande maioria das plantas com flores depende dos animais para seus processos reprodutivos. Logo, a diminuição dos *habitat* dos animais, o desequilíbrio populacional, a migração para outras áreas etc. são fatores que afetam diretamente a manutenção das florestas e, portanto, a biodiversidade como um todo. Nos últimos anos, começamos a notar que as abelhas estão se tornando animais extremamente ameaçados – e elas contribuem para a reprodução de 90% das espécies de vegetação tropical com flores e de quase 78% das espécies de zonas temperadas (Campos, 2018).

Na década de 1960, a Organização Mundial da Saúde (OMS) aplicou o veneno diclorodifeniltricloroetano, conhecido como

DDT, extensamente em áreas de Bornéu, uma ilha do Pacífico, a fim de combater a população de pernilongos vetores de malária (Carson, 2010). Os resultados imediatos pós-veneno foram favoráveis à redução do número de casos de malária, já que boa parte dos vetores foi eliminada. No entanto, o DDT é um agrotóxico extremamente forte e, por isso, causou a morte de diversos grupos de insetos, seja por morte imediata, seja por outros danos causados que os deixava mais suscetíveis a serem predados. Quando os predadores eram lagartos, estes também se contaminavam com DDT e passavam a ser mais suscetíveis a serem predados por gatos, os quais morriam após a contaminação. Portanto, além da contaminação e da ameaça às diversas espécies citadas, o uso do agrotóxico acarretou a proliferação de ratos, em um complexo desequilíbrio ecológico.

6.4 Espécies animais exóticas introduzidas e seus efeitos para o meio ambiente

De acordo com a Convenção sobre Diversidade Biológica (CDB), **espécie exótica** é toda aquela que se encontra fora de sua área de distribuição natural. **Espécie exótica invasora**, por sua vez, é aquela que ameaça ecossistemas, *habitat* ou outras espécies; logo, "As espécies invasoras são consideradas a segunda maior causa de extinção de espécies no planeta, afetando diretamente a biodiversidade, a economia e a saúde humana" (Brasil, 2019).

No Brasil, as águas de lastro são responsáveis por carregar as espécies invasoras: caramujo-africano (*Acatina fulica*, Filo Mollusca), coral-sol (Filo Cnidaria), mexilhão-dourado (*Limnoperna fortunei*). Acredita-se que mosquitos *Aedes aepytgi* chegaram ao Brasil em navios vindos da África durante o período do Brasil Colonial. Outros animais exóticos foram trazidos para as terras brasileiras de forma não acidental. Inicialmente com o objetivo de cultivo, o desconhecimento e o despreparo para o cultivo e a manutenção dos animais acabaram gerando um caos. A rã-touro (*Rana catesbeiana*), a abelha-africana (*Apis mielifera*) e o javali (*Sus scrofa*) são alguns desses exemplos.

Embora vivam em ambiental florestal, os saguis (*Callithrix* sp.) são considerados espécie exótica em diversas regiões do país. Isso porque não são originários desses locais, o que pode provocar prejuízos ambientais, como a exposição dos novos predadores a novas doenças, além da competição inter e intraespecífica por recursos (alimentos, abrigos etc.). De forma semelhante, o cão australiano chamado *dingo* (*Canis lupus dingo*) foi introduzido na Austrália há cerca de 3.500 anos. Durante os séculos mais recentes, o dingo tem sido considerado o maior predador terrestre do país, atacando rebanhos bovinos e a fauna selvagem, como coelhos, cangurus e roedores; foi, aliás, um dos fatores responsáveis pela extinção do galo-da-tasmânia (*Gallinula mortierii*) e do tigre-da-tasmânia (*Thylacinus cynocephalus*).

6.5 As coleções zoológicas para fins científicos e didáticos

Uma **coleção científica** tem o compromisso de abrigar, organizar, conservar e preservar determinado acervo (conjunto de bens patrimoniais). Quando se trata de um acervo biológico, é possível conhecer a biodiversidade (espacial, geográfica e temporal) e as relações filogenéticas entre os *taxa*. Além disso, há o interesse econômico e médico, a função de indicadores de qualidade ambiental e diversas outras aplicabilidades (Canhos; Vazoller, 2004; Canhos; Canhos; Souza, 2006). De forma geral, as coleções científicas de zoologia estão associadas às instituições de ensino, pesquisa e/ou extensão e localizadas em museus.

Já uma **coleção didática** de animais tem fins educacionais ou serve como *hobby* de colecionismo. Coleções didáticas também são extremamente importantes para estudos voltados ao conhecimento básico dos grupos animais, para inferências ecológicas e para ações de educação ambiental, entre outros aspectos.

Nas coleções didáticas e, principalmente, nas científicas, é necessário que o material biológico seja mantido preservado e conservado, isto é, o material deve ser acondicionado em ambiente adequado e livre de fatores bióticos (fungos, animais etc.) e abióticos (temperatura, umidade, poeira etc.). Ademais, a procedência e a data de coleta do material biológico são informações muito importantes e devem ser mantidas, sempre que possível, junto ao animal coletado. A composição de etiquetas é uma fonte importante de dados e uma etapa fundamental das coleções; a ausência delas dificulta ou inviabiliza diversos estudos taxonômicos, paleontológicos, ecológicos, sistemáticos, biogeográficos, evolutivos e, mais recentemente, de biologia molecular (Almeida; Ribeiro-Costa; Marinoni, 2003).

6.6 Metodologia de estudo dos animais

Inventários de fauna são instrumentos amplamente usados para avaliar primariamente o *status* da **biodiversidade** de determinado local, uma vez que se constituem em uma amostragem da abundância (número de indivíduos) e da riqueza (número de espécies) de certo local. Ao se fazer um acompanhamento da fauna de um local por dado período de tempo, observa-se a metodologia do monitoramento de fauna. Tanto o inventário quanto o monitoramento de fauna são essenciais para a **avaliação dos impactos ambientais** causados por empreendimentos, tragédias ambientais etc., além de serem importantes na definição de estratégias de conservação (Cullen Jr.; Rudran; Valladares-Padua, 2012). Estudos de diversidade em escalas locais e globais, em tempos históricos, atuais e de projeções futuras são essenciais, pois, ao se conhecerem os processos ecológicos, evolutivos e biogeográficos que acarretaram a biodiversidade até o momento presente, pode-se prever e definir quais serão as possíveis respostas futuras às mudanças globais.

Estudos de **comportamento animal** são realizados desde o início da domesticação de diversos mamíferos. Cientistas naturalistas há séculos observam e avaliam o comportamento animal e, sempre que possível, estimam se podemos usar esses comportamentos em prol da vida humana, como no desenvolvimento de tecnologias e nas descobertas de novos fármacos. Estudos longos sobre o comportamento de chimpanzés, como os de Jane Goodall e Roger Fouts, foram essenciais para a psicologia e a psicanálise humana principalmente, já que, por serem geneticamente o agrupamento mais próximo do *Homo sapiens*, chimpanzés compartilham diversas características com o homem. Logo, podemos reconhecer nesses animais várias características físicas e comportamentais que podem ser extrapoladas para o homem e vice-versa.

Estudos de **genética da conservação** são empreendidos a fim de aplicar metodologias e conceitos genéticos para auxiliar na conservação de populações ou espécies. De maneira geral, a genética da conservação permite o manejo genético de pequenas populações para manter a diversidade genética e o fluxo gênico e também busca resolver incertezas taxonômicas e contribuir para aspectos da biologia das espécies (Frankham; Ballou; Briscoe, 2008).

Por fim, estudos de **biologia forense** avaliam vestígios biológicos, constituindo-se em uma área em que se aplicam os conhecimentos da biologia essencialmente para resolver crimes. São consideradas desde amostras biológicas em vítimas de assassinato, estupro etc. até a fauna cadavérica (geralmente artrópodes) para identificar local, condições e tempo da morte. Desse modo, geralmente a biologia forense está associada às instituições de segurança pública. Esses estudos também podem ser úteis em crimes não hediondos, como no controle de produtos armazenados, por exemplo, cereais, grãos e rações animais, para que sejam mantidos os limites previstos na legislação.

Síntese

Neste sexto e último capítulo, abordamos inicialmente as várias doenças causadas por protozoários e/ou transmitidas pelos mais variados animais. Verificamos que muitas das parasitoses podem ser controladas, tratadas, evitadas e até mesmo localmente extintas com ações simples, a exemplo do saneamento básico, do tratamento de água e de hábitos adequados de higiene. Saneamento básico é um direito assegurado pela Constituição Federal de 1988; logo, devem haver políticas públicas para que condições ambientais e sanitárias sejam amenizadas, além de ações de educação ambiental.

Vimos também que nenhuma espécie é, de fato, isolada, porque as espécies se relacionam umas com as outras de forma direta ou indireta. Portanto, a destruição de *habitat* causa a diminuição da biodiversidade e o aumento de potenciais desequilíbrios ecológicos (em diversos níveis). São reflexos das intervenções humanas no meio ambiente, em um movimento de expansão territorial contínua.

Assim, podemos afirmar que mudanças climáticas, perda ou superexploração de *habitat*, pressões de caça e pesca, diminuição de polinização e dispersão de plantas com flores, aumento dos vetores de doenças são algumas das ameaças que vamos enfrentar no Antropoceno. E algumas já estão acontecendo.

 Indicações culturais

BOEGER, W. A. **O tapete de Penélope**: o relacionamento entre as espécies e a evolução orgânica. São Paulo: Ed. da Unesp, 2001.
Por meio de uma série de analogias e referências artísticas, o autor apresenta conceitos e processos que podem influenciar na evolução do conjunto de espécies existentes.

CULLEN JR., L. C.; RUDRAN, R.; VALLADARES-PADUA, C. **Métodos de estudo em biologia da conservação e manejo da vida silvestre**. Curitiba: Ed. da UFPR, 2012.
Com a colaboração de diversos pesquisadores, os autores descrevem uma série de métodos a serem utilizados para a biologia da conservação de animais e plantas.

GOODALL, J. **50 Years at Gombe**: a Tribute to Five Decades of Wildlife Research, Education, and Conservation. New York: Stewart, Tabori & Chang, 2010.

GOODALL, J. **Uma janela para a vida**: 30 anos com os chimpanzés da Tanzânia. Rio de Janeiro: J. Zahar, 1991.
Nesses dois livros, a primatóloga Jane Goodall descreve sua metadologia, seus resultados e suas observações sobre o comportamento dos chimpanzés da Tanzânia, um trabalho incrível que realiza há mais de 60 anos.

ICMBio – Instituto Chico Mendes de Conservação da Biodiversidade. Centro Nacional de Pesquisa e Conservação de Aves Silvestres (Cemave). Disponível em: <https://www.icmbio.gov.br/cemave/>. Acesso em: 13 abr. 2021.
Esse *site* é coordenado por diversas entidades de pesquisa e gestão para a conservação de aves brasileiras ameaçadas de extinção e de aves migratórias.

WEINER, J. **O bico do tentilhão**: uma história da evolução no nosso tempo. Rio de Janeiro: Rocco, 1994.
Nesse livro, o autor narra os estudos do casal de biólogos Rosemary e Peter nas Ilhas Galápagos. Embora as mudanças evolutivas sejam frequentemente vagarosas e progressivas, o casal foi capaz de descrever os processos evolutivos que aconteceram em aves tentilhões ao longo de 25 anos de estudos.

Atividades de autoavaliação

1. A malária e a dengue são doenças graves endêmicas das regiões tropicais. Sobre elas, é correto afirmar:

    A Ambas são transmitidas por protozoários.
    B Ambas são causadas por insetos.

- **C** A malária é transmitida pela ingestão de água contaminada.
- **D** A dengue tem como hospedeiro intermediário o caramujo *Biompharia* sp.
- **E** A malária é causada por protozoário e a dengue, por vírus, e ambas são transmitidas por insetos.

2. "Procurando bem todo mundo tem pereba
   Marca de bexiga ou vacina
   E tem piriri, tem lombriga, tem ameba
   Só a bailarina que não tem [...]" (Buarque; Lobo, 1983)

   Na música *Ciranda da bailarina*, os compositores Chico Buarque e Edu Lobo descrevem várias doenças humanas. Com base em seus conhecimentos sobre doenças causadas por protozoários e animais, é correto afirmar:

   - **A** O piolho *Pediculus humanus* é causador da pediculose; trata-se de um inseto.
   - **B** A lombriga é causada por um integrante do Filo Platyhelminthes.
   - **C** A ameba é transmitida por inseto.
   - **D** *Lombriga* e *teníase* são nomes sinônimos da mesma parasitose.
   - **E** As doenças causadas por lombriga e ameba podem ser evitadas e controladas pelo uso profilático de vermífugos.

3. Assinale a alternativa que apresenta uma consequência das mudanças climáticas:

   - **A** Perda de *habitat* de diversos animais.
   - **B** Aumento do desequilíbrio ecológico.
   - **C** Aquecimento e acidificação dos oceanos, ameaçando espécies marinhas, como corais.

- **D** Poluição sonora, aérea, aquática e de solo.
- **E** Todas as alternativas estão corretas.

4. Sobre as coleções de animais, é **incorreto** afirmar:

    - **A** Coleções científicas são aquelas acondicionadas geralmente em instituições de ensino e pesquisa.
    - **B** A legislação brasileira estabelece normativas para a coleta e a caça de animais silvestres.
    - **C** Coleções didáticas são usadas apenas por colecionadores individuais e não têm qualquer relevância para a zoologia.
    - **D** Geralmente, as coleções científicas e as exposições didáticas de parte das coleções de animais estão localizadas em museus de zoologia ou de história natural.
    - **E** Para fins ecológicos, zoológicos e evolutivos, é importante registrar o local e a data em que o animal foi coletado.

5. A respeito dos aspectos ecológicos e ambientais dos estudos com animais, é correto afirmar:

    - **A** Espécies animais exóticas são assim chamadas por serem bonitas e não causarem qualquer dano ao meio ambiente em que foram introduzidas.
    - **B** Estudos multidisciplinares com metodologias tecnológicas e tradicionais são essenciais para conhecermos a biodiversidade e protegê-la.
    - **C** Apenas animais voadores são capazes de polinizar e dispersar plantas.
    - **D** Estudos de impactos ambientais são irrelevantes no contexto de preservação das espécies animais.
    - **E** A genética da conservação é uma área com enfoque exclusivo em humanos.

Atividades de aprendizagem

Questões para reflexão

1. Em 2015, membros de 150 países firmaram, na sede da ONU, a implementação dos 17 Objetivos de Desenvolvimento Sustentável (ODSs) até 2030. Pesquise quais são esses objetivos e avalie quais deles permeiam os conteúdos abordados neste capítulo.
2. Faça uma visita virtual a coleções científicas zoológicas de museus. Avalie a tipologia das instituições quanto às finalidades de pesquisa, ensino e extensão, isto é, verifique se no *site* fica evidente que:

    A a instituição tem foco em pesquisas científicas;
    B há parcerias com instituições de ensino básico e/ou superior;
    C a instituição demonstra preocupação com a comunidade em geral de alguma forma (permitindo visitação, promovendo palestras e outros métodos de divulgação científica).

Atividades aplicadas: prática

1. Monte um jogo com a temática de doenças e agentes animais causadores de doenças em humanos. Pode ser um jogo de tabuleiro ou de memória.
2. Aplique seus conhecimentos sobre coleta, montagem e conservação de insetos e construa um insetário (coleção didática). Lembre-se de que dados da coleta, como local e data, são essenciais para os estudos zoológicos.

CONSIDERAÇÕES FINAIS

O ambiente primitivo permaneceu com ausência de gás oxigênio por cerca de 2 bilhões de anos após o surgimento dos primeiros organismos, as arqueobactérias. Como vimos, mesmo com o aparecimento dos organismos protozoários eucariontes unicelulares, ainda demorou bastante tempo para o advento da multicelularidade.

De forma geral, é algo complexo reconstruir o parentesco de grupos de origem evolutiva muito antiga, como os agrupamentos de animais que se separaram há mais de 500, 600 ou 700 milhões de anos. Isso porque a reconstrução da história evolutiva dos grupos é comumente repleta de lacunas e nem sempre as evidências são consistentes. É por isso que é fundamental avaliar uma árvore filogenética ou cladograma como uma ferramenta de uma proposta de evolução dos grupos, uma hipótese.

Além disso, é preciso levar em consideração que o progresso tecnológico da ciência muitas vezes acaba promovendo a "alteração" de alguns conceitos e agrupamentos com o intuito de adaptá-los às novas descobertas. A princípio, talvez cause estranheza tratar aves como répteis e, sobretudo, como tipos de dinossauros. O mesmo pode acontecer quando se olha para a filogenia do Filo Arthropoda, ao notar que insetos são atualmente considerados um ramo de Pancrustacea. Porém, questões como essas passam a ficar cada vez mais compreensíveis quando se conhecem as características dos grupos e se compreendem métodos científicos como os de sistemática filogenética, morfologia e biologia molecular. E isso deixa a zoologia ainda mais instigante.

Neste livro, buscamos organizar grupos taxonômicos segundo questões filogenéticas e de estudos tradicionais. Podemos indicar como exemplo a opção por citar termos como *vermes*, *peixes* e *répteis* mesmo que já saibamos que se trata de grupos sem valor taxonômico ou sistemático. Consideramos que estudantes (sobretudo da educação básica), alguns pesquisadores e, principalmente, a comunidade em geral teriam dificuldade com o emprego de termos mais técnicos. Além disso, levando em conta a rápida e crescente evolução das ciências e as mudanças ambientais que têm causado extinções locais e globais de espécies, alguns dados podem ficar defasados em breve, principalmente no que tange à distribuição geográfica, à riqueza, à taxonomia e às relações filogenéticas entre as espécies. A ciência é, assim, fluida e multidisciplinar.

Em nossa abordagem, tratamos da maioria dos grupos incluídos nos reinos Protista e Animalia/Metazoa, dos mais basais até os surgidos mais recentemente. Discutimos diversas questões sobre ecologia e conservação das espécies, bem como as ameaças ecológicas e demográficas que estas sofreram ao longo do tempo evolutivo. Algumas dessas ameaças já estão se concretizando, por isso precisamos conhecer para poder proteger. Vamos juntos?

GLOSSÁRIO*

Acelomado: animal sem cavidade corpórea; ausência de celoma.

Acetábulo: estrutura em formato de ventosa presente em parasitos platelmintos, com função de fixação ao hospedeiro.

Alvéolos protozoários: sacos membranosos presentes em protozoários do grupo Alveolata.

Alternância de gerações ou metagênese: estratégia reprodutiva de alternância entre as fases assexuada e sexuada, em um mesmo ciclo de vida.

Ânus: orifício posterior do sistema digestório.

Arquênteron: cavidade interna do blastóporo durante a fase embrionária. Pode ser considerado um intestino primitivo.

Árvore filogenética, filogenia ou cladograma: diagrama visual que representa os graus de parentesco entre organismos e/ou áreas.

Átrio: cavidade interna das esponjas.

Autotrófico: ser capaz de produzir o próprio alimento, portanto, que realiza quimiossíntese ou fotossíntese.

Biodiversidade: variação das espécies de fauna e flora, ou seja, variabilidade biológica dos ecossistemas.

Blastocele: cavidade interna da blástula.

Blastômeros: agrupamento de células-filhas durante o período embrionário.

Blastóporo: abertura ventral da fase de gástrula, em que o arquênteron se comunica com o ambiente externo.

---

* As definições deste glossário foram extraídas de Lopes; Rosso, 2013; Hickman Jr. et al., 2017; Brusca; Moore; Shuster, 2018.

Blástula: esfera oca formada de células-filhas durante a embriogênese. Antecede a gástrula.
Cavidade gastrovascular: cavidade interna dos cnidários.
Celoma: cavidade corporal preenchida por líquido, de origem mesodérmica.
Células-flama: estruturas ciliadas localizadas na extremidade proximal de protonefrídios, com função de excreção.
Cefalotórax: tagma do corpo de alguns artrópodes. É a fusão entre cabeça e tórax.
Cladograma: representação gráfica das relações filogenéticas entre grupos ou áreas.
Clado: ramo ou agrupamento de uma árvore filogenética ou cladograma.
Cerdas: projeções filamentosas do corpo; estruturas rígidas quitinosas, de origem epidérmica, cuja função é a locomoção.
Clitelo: fusão de segmentos na região anterior de oligoquetos anelídeos.
Cloaca: região terminal dilatada do intestino. Recebe os dutos de alguns sistemas, como reprodutor, excretor e/ou digestório.
Cnida: substância urticante de cnidários.
Cnidócito: célula especializada e exclusiva que contém a cnida dos cnidários.
Coana: comunicação nasofaríngea de vertebrados.
Coanócito: célula flagelada especializada na digestão intracelular e na circulação d'água em poríferos.
Concha: estrutura sólida que protege o animal; pode ser considerada um exoesqueleto. É formada principalmente por carbonato de cálcio.
Cromatóforos: células especializadas que contêm pigmento.

Cutícula: revestimento acelular do corpo. É secretada pela epiderme.
Deuterostômio: animal cujo blastóporo não forma a boca primeiramente.
Diblástico: animal com apenas dois folhetos embrionários (endoderme e ectoderme).
Dimorfismo sexual: diferenciação visual externa entre machos e fêmeas.
Dioico: ser que apresenta gametas femininos e masculinos separadamente.
Ectoderme: folheto embrionário mais externo.
Endoderme: folheto embrionário mais interno.
Endoesqueleto: esqueleto interno, de composição variável.
Endotérmico: organismo que deriva seu calor interno do calor do ambiente.
Enterocelomado: animal cujo celoma é originado pela evaginação de bolsas do intestino.
Escólex/escólice: região anterior de platelmintos cestoides usada para fixação no hospedeiro.
Esquelético hidrostático: permite a alternância entre a contração da musculatura longitudinal e a circular da parede do corpo. Essas contrações alternadas promovem o peristaltismo, ou seja, um movimento de ondas peristálticas que modificam o comprimento e o diâmetro dos segmentos.
Evolução (das espécies): mudança ou transformação, frequentemente lenta, que pode ser benéfica, neutra ou prejudicial.
Eucarionte: ser vivo com envoltório nuclear.
Esquizocelomado: animal cujo celoma é originado de blocos de tecido mesodérmicos.
Exoesqueleto: esqueleto externo, de composição variável.

Fecundação: fusão de gametas.
Fecundação externa: fusão de gametas fora do corpo do animal.
Fecundação interna: fusão de gametas dentro do corpo do animal, frequentemente na fêmea.
Filogenia ou **árvore filogenética:** ver *árvore filogenética*.
Folhetos embrionários ou germinativos: camadas de células do embrião durante o período embrionário. São exemplos: mesoderme, endoderme e ectoderme.
Gânglio: pequeno aglomerado de células nervosas.
Gastroderme: camada de revestimento interno da cavidade gastrovascular de cnidários.
Gástrula: fase embrionária posterior à blástula.
Gregário: aquele que vive em grupos de indivíduos.
Grupo ancestral: grupo de organismos que deu origem aos agrupamentos-alvo de um cladograma ou filogenia.
Grupo-irmão: grupo derivado (*taxa* terminais) mais estritamente relacionado.
Hábito de vida: modo como o organismo se apresenta ecologicamente (parasita, simbionte, vida livre).
Habitat: tipo de ambiente em que o organismo vive (terrestre, marinho, aquático).
Haptor: região anterior de platelmintos monogenoides usada para fixação no hospedeiro.
Heterotrófico: ser incapaz de produzir o próprio alimento.
Hospedeiro definitivo: organismo cujo parasita desenvolve a fase sexuada do ciclo de vida.
Hospedeiro intermediário: organismo cujo parasita desenvolve a fase assexuada do ciclo de vida.
Ínstar: um dos diversos estágios larvais de insetos.

Larva: fase juvenil (imatura), quando o animal apresenta desenvolvimento indireto.

Mandíbulas: estruturas da região anterior comumente utilizadas para alimentação.

Medusa: morfotipo livre-natante de cnidários.

Mesoderme: folheto embrionário intermediário, localizado entre a ectoderme e a endoderme. Dá origem ao celoma.

Monofilético: clado que compartilha um único ancestral/grupo; mesma origem.

Monoico: ser que apresenta gametas femininos e masculinos.

Mórula: estágio embrionário com 32 blastômeros.

Nematocisto: organela intracelular de cnidários. Contém a cnida.

Neoderme: modificação do revestimento corporal de alguns grupos de platelmintos.

Nó: ponto em que os ramos/clados começam a divergir.

Notocorda: bastão flexível localizado dorsalmente. É uma estrutura característica dos cordados.

Novidade evolutiva: modificações recém-surgidas e exclusivas de determinado grupo.

Ocelo: órgão sensorial fotorreceptor.

Ósculo: abertura do corpo das esponjas.

Parafilético: grupo com origens evolutivas diferentes, em que estão incluídos vários descendentes de um ancestral comum, porém não todos eles.

Parapódios: projeções laterais carnosas de anelídeos poliquetos.

Parasita: organismo que vive no interior ou preso externamente a outro, frequentemente causando danos ao hospedeiro.

Polifilético: grupo que não inclui o ancestral comum de todos os indivíduos.

Pólipo: morfotipo séssil de cnidários.
Poro: orifício da parede do corpo de esponjas.
Procarionte: organismo com ausência de envoltório nuclear.
Proglótide: unidade do corpo de platelminto cestoide.
Protonefrídio: ver *células-flama*.
Protostômio: animal cujo blastóporo dá origem à boca.
Pseudocelomado: aquele que apresenta cavidade interna parcialmente revestida por celoma.
Pseudópode: projeção citoplasmática (protoplasma) em protozoários ameboides e algumas células animais.
Quitina: polissacarídeo (carboidratos) formador do exoesqueleto de artrópodes.
Rádula: estrutura raspadora exclusiva de moluscos.
Ramo: ver *clado*.
Reprodução assexuada: estratégia de multiplicação com ausência de gametas.
Reprodução sexuada: fusão de gametas masculinos e femininos e/ou de material genético.
Séssil: aquele que é fixo a um substrato.
Simetria: padrão corporal.
Solitário (hábito): indivíduo que não é gregário ou colonial.
Sistemática filogenética: ramo da biologia que leva em conta a classificação biológica dos grupos e o grau de parentesco entre as espécies e demais *taxa*.
Sistema nervoso ganglionar: padrão nervoso de gânglios interligados.
***Taxon* (singular) ou *taxa* (plural) ou táxon (singular, em português):** grupos hierárquicos de organismos (reino, filo, classe, ordem, família, gênero, espécie).

Teca ou carapaça: estrutura de revestimento de protozoários Rhizaria, semelhante a uma concha.

Tentáculos: projeções do corpo geralmente na região circundante à região bucal. Estão presentes em cnidários, moluscos cefalópodes.

Triblástico: animal com três folhetos embrionários (mesoderme, endoderme e ectoderme).

Vágil: animal capaz de deslocar-se.

Verme: nome dado a diversos grupos de animais com corpo alongado; vermiforme.

Vetor: transmissor de doença. Não causa a doença.

REFERÊNCIAS

ABELE, L. G. Systematics, the Fossil Record, and Biogeography. In: BLISS, D. E. (Ed.). **The Biology of Crustacea**. New York: Academic Press, 1982. p. 241-304.

ALMEIDA, L. M. de; RIBEIRO-COSTA, C. S.; MARINONI, L. **Manual de coleta, conservação, montagem e identificação de insetos**. Ribeirão Preto: Holos, 2003.

ALTIERI, M. A.; SILVA, E. N. da; NICHOLLS, C. I. **O papel da biodiversidade no manejo de pragas**. Ribeirão Preto: Holos, 2003.

AMORIM, D. S. **Fundamentos de sistemática filogenética**. Ribeirão Preto: Holos, 2002.

BAGUÑÀ, J.; RIUTORT, M. Molecular Phylogeny of the Platyhelminthes. **Canadian Journal of Zoology**, v. 82, n. 2, p. 168-193, 2004.

BALMFORD, A.; GREEN, R. E.; JENKINS, M. Measuring the Changing State of Nature. **Trends in Ecology & Evolution**, v. 18, p. 326-330, 2003.

BARNES, R. D. et al. **Os invertebrados**: uma nova síntese. São Paulo: Atheneu, 2008.

BARNES, R. D.; RUPPERT, E. E.; FOX, R. S. **Zoologia dos invertebrados**: uma abordagem funcional-evolutiva. São Paulo: Roca, 2005.

BLAXTER, M.; KOUTSOVOULOS, G. The Evolution of Parasitism in Nematoda. **Parasitology**, v. 142, p. S26-S39, 2015.

BLUMENTHAL, T.; DAVIS, R. E. Exploring Nematode Diversity. **Nature Genetics**, v. 36, n. 12, p. 1246-1247, 2004.

BRASIL. Ministério do Meio Ambiente. Instituto Brasileiro do Meio Ambiente e dos Recursos Naturais Renováveis. **Sobre espécies exóticas invasoras**. Brasília, 27 set. 2019. Disponível em: <https://www.ibama.gov.br/especies-exoticas-invasoras/sobre-as-especies-exoticas-invasoras>. Acesso em: 13 abr. 2021.

BRUSCA, R. C.; MOORE, W.; SHUSTER, S. M. **Invertebrados**. Rio de Janeiro: Guanabara Koogan, 2018.

BRUSCA, R.; BRUSCA, G. J. **Invertebrados**. Rio de Janeiro: Guanabara Koogan, 2007.

BUARQUE, C.; LOBO, E. Ciranda da bailarina. In: BUARQUE, C.; LOBO, E. **O Grande Circo Místico**. Rio de Janeiro: Som Livre, 1983. Faixa 8.

BUZZETTI, D. R. C. et al. A New Species of Formicivora Swainson, 1824 (Thamnophilidae) from the State of São Paulo, Brazil. **Revista Brasileira de Ornitologia**, v. 21, n. 4, p. 269-291, Dec. 2013.

CAMPOS, M. S.O.S., as abelhas pedem socorro. **Greenpeace**, 13 set. 2018. Disponível em: <https://www.greenpeace.org/brasil/blog/s-o-s-as-abelhas-pedem-socorro/>. Acesso em: 13 abr. 2021.

CANHOS, D. A. L.; CANHOS, V. P.; SOUZA, S. Coleções biológicas e sistemas de informação In: CANHOS, V. P. et al. (Org.). **Diretrizes e estratégias para a modernização de coleções biológicas brasileiras e a consolidação de sistemas integrados de informação sobre a biodiversidade**. Brasília: Ministério da Ciência e Tecnologia, 2006. p. 241-311.

CANHOS, V. P.; VAZOLLER, R. F. A importância das coleções biológicas. **Scientific American Brasil**, 2004.

CARLSON, B. M. **Embriologia humana e biologia do desenvolvimento**. Rio de Janeiro: Guanabara Koogan, 1998.

CARSON, R. **Primavera silenciosa**. São Paulo: Gaia, 2010.

CAVALIER-SMITH, T. A Revised Six-Kingdom System of Life. **Biologial Reviews**, v. 73, n. 3, p. 203-266, 1998.

CAVALIER-SMITH, T. Only Six Kingdoms of Life. **Proceedings of the Royal Society of London B: Biological Sciences**, v. 271, p. 1251-1262, 2004.

CAVALIER-SMITH, T. Protist Phylogeny and the High-Level Classification of Protozoa. **European Journal of Protistology**, v. 39, p. 338-348, 2003.

CAVALIER-SMITH, T. The Phagotrophic Origin of Eukaryotes and Phylogenetic Classification of Protozoa. **International Journal of Systematic and Evolutionary Microbiology**, v. 52, 297-354, 2002.

CHUDZINSKI-TAVASSI, A. M.; CHUDZINSKI-TAVASSI, F. F.; ALVAREZ, M. P. Anticoagulants from Hematophagous. In: BOŽIČ-MIJOVSKI, M. (Ed.). **Anticoagulant Drugs**. London: British Library, 2018. p. 39-68.

CRACRAFT, J. Species Concepts and Speciation Analysis. In: CRACRAFT, J.; JOHNSTON, R. F. (Ed.). **Current Ornithology**. [S.l.]: Plenun Press, 1983. p. 159-187.

CULLEN JR., L.; RUDRAN, R.; VALLADARES-PADUA, C. (Org.). **Métodos de estudo em biologia da conservação e manejo da vida silvestre**. Curitiba: Ed. da UFPR, 2012.

DALY, H. V. et al. **Introduction to Insect Biology and Diversity**. New York: McGraw-Hill, 1978.

DIAMOND, J. **Armas, germes e aço**. Rio de Janeiro: Record, 2018.

DUNN, C. W. et al. Animal Phylogeny and Its Evolutionary Implications. **Annual Review of Ecology Evolution and Systematics**, v. 45, p. 371-395, 2014.

EGGER, B. et al. A Transcriptomic-Phylogenomic Analysis of the Evolutionary Relationships of Flatworms. **Current Biology**, v. 25, n. 10, p. 1347-1353, 2015.

ERKENBRACK; E. M.; THOMPSON, J. R. Cell Type Phylogenetics Informs the Evolutionary Origin of Echinoderm Larval Skeletogenic Cell Identity. **Communications Biology**, v. 2, n. 160, 2019.

ESTEVES, B. O evolucionista. **Revista Piauí**, n. 134, nov. 2017. Disponível em: <https://piaui.folha.uol.com.br/materia/o-evolucionista/?fbclid=IwAR2sgdbYKdsXKjm7sAiEPOCB0LGytq5hV6_MwgTvJzBr-v1LbgIuyB8w2V0>. Acesso em: 13 abr. 2021.

FAUCHALD, K.; ROUSE, G. Polychaete Systematics: Past and Present. **Zoologica Scripta**, v. 26, p. 71-138, 1997.

FRANKHAM, R.; BALLOU, J. D.; BRISCOE, D. A. **Fundamentos de genética da conservação**. Ribeirão Preto: Sociedade Brasileira de Genética, 2008.

FREIRE-MAIA, N. **Teoria da evolução**: de Darwin à teoria sintética. São Paulo: Itatiaia, 1988.

FUTUYMA, D. J. **Biologia evolutiva**. 2. ed. Ribeirão Preto: Sociedade Brasileira de Genética/CNPq, 1992.

GALEANO, E. **As veias abertas da América Latina**. Porto Alegre: L&PM, 1970.

GILBERT, S. F. **Biologia do desenvolvimento**. 5. ed. Ribeirão Preto: Funpec, 2003.

GIRIBET, G.; EDGECOMBE, G. D. The Phylogeny and Evolutionary History of Arthropods. **Current Biology**, v. 29, p. R592-R602, 17 June 2019.

GONZALEZ, B. C. et al. Phylogeny and Biogeography of the Scaleless Scale Worm Pisione (Sigalionidae, Annelida). **Ecology and Evolution**, v. 7, n. 9, p. 2894-2915, 2017.

GREENHALL, A. M.; JOERMANN, G.; SCHMIDT, U. Desmodus Rotundus. **Mammalian Species**, n. 202, p. 1-6, 1983.

HARARI, Y. N. **Sapiens**: uma breve história da humanidade. Porto Alegre: L&PM, 2015.

HARARI, Y. N. **21 lições para o século 21**. São Paulo: Companhia das Letras, 2018.

HEJNOL, A. et al. Assessing the Root of Bilaterian Animals with Scalable Phylogenomic Methods. **Proceedings of the Royal Society B: Biological Sciences**, v. 276, n. 1677, p. 4261-4270, 2009.

HENNIG, W. **Phylogenetic Systematics**. Urbana: University of Illinois Press, 1966.

HICKMAN JR., C. P. et al. **Princípios integrados de zoologia**. 16. ed. Rio de Janeiro: Guanabara Koogan, 2017.

HILDEBRAND, M.; GOSLOW, G. **Análise da estrutura dos vertebrados**. 2. ed. São Paulo: Atheneu, 2006.

HOOPER, J. N. A. Coral Reef Sponges of the Sahul Shelf: a Case for Habitat Preservation. **Memoirs of the Queensland Museum**, v. 36, n. 1, p. 93-106, 1994.

JARDIM, J. G.; NASCIMENTO, R. S. S. **Reprodução da vida**. 2. ed. Natal: EDUFRN, 2011. Disponível em: <http://bibliotecadigital.sedis.ufrn.br/pdf/biologia/LIVRO_Rep_Vida_WEB.pdf>. Acesso em: 13 abr. 2021.

KAPLAN, M. *Archaeopteryx* no Longer First Bird. **Nature**, v. 475, p. 465-470, 2011.

KAYAL, E. et al. Phylogenomics Provides a Robust Topology of the Major Cnidarian Lineages and Insights on the Origins of Key Organismal Traits. **BMC Evolutionary Biology**, v. 18, n. 68, p. 1-18, 2018.

KEARN, G. C. **Parasitism and the Platyhelminthes**. London: Champman & Hall, 1998.

LEWIS, S. L.; MASLIN, M. A. Defining the Anthropocene. **Nature**, v. 519, p. 171-180, 2015.

LIN, J. P. et al. A *Parvancorina*-like Arthropod from the Cambrian of South China. **Historical Biology**, v. 18, n. 1, p. 33-45, 2006.

LITTLEWOOD, D. T. J. **The Evolution of Parasitism**: a Phylogenetic Approach. London: Elsevier Academic Press, 2003.

LOPES, S.; ROSSO, S. **Bio**. 3. ed. São Paulo: Saraiva, 2013. Volume único.

MATIOLI, S. R.; FERNANDES, F. M. C. **Biologia molecular e evolução**. 2. ed. Ribeirão Preto: SBG; Holos, 2012.

MAYDEN, R. L. A Hierarchy of Species Concepts: the Denouement in the Saga of the Species Problem. In: CLARIDGE, M. F.; DAWAH, H. A.; WILSON, M. R. (Ed.). **Species**: the Units of Biodiversity. London: Chapman and Hall, 1997. p. 381-424.

MAYR, E. **Animal Species and Evolution**. Cambridge: Harvard University, 1963.

MAYR, E. **Systematics and the Origin of Species**. New York: Columbia University Press, 1942.

MORA, C. et al. How Many Species are There on Earth and in the Ocean? **PLoS Biology**, v. 9, n. 8, e1001127, 2011.

MOREIRA, A. **Desenvolvimento embrionário dos animais**. Apresentação de *slides*. Disponível em: <https://irp-cdn.multiscreensite.com/322d0b3a//files/uploaded/DESENVOLVIMENTOANIMAL.pdf>. Acesso em: 13 abr. 2021.

NEVES, D. P. et al. **Parasitologia humana**. 11. ed. São Paulo: Atheneu, 2004.

NEVES, W. A.; RANGEL JUNIOR, M. J.; MURRIETA, R. S. (Org.). **Assim caminhou a humanidade**. São Paulo: Palas Athena, 2015.

OLSSON, L.; LEVIT, G. S.; HOFELD, U. Phylogenetic Systematics: Haeckel to Hennig. **Acta Zoologica**, v. 99, n. 4, p. 415-420, 2017.

PADIAN, K. Darwin's Enduring Legacy. **Nature**, v. 451, p. 632-634, 2008. Disponível em: <https://www.nature.com/articles/451632a>. Acesso em: 13 abr. 2021.

PEREIRA, D. O que é lêucon. **Planeta Biologia**, 23 jan. 2021. Disponível em: <https://planetabiologia.com/o-que-e-leucon/>. Acesso em: 13 abr. 2021.

POUGH, F. H.; JANIS, C. M.; HEISER, J. B. **A vida dos vertebrados**. 4. ed. São Paulo: Atheneu, 2008.

QUINTANA, M. **Apontamentos de história sobrenatural**. Rio de Janeiro: Objetiva, 2012.

REITNER, J.; WÖRHEIDE, G. Non-Lithistid Fossil Demospongiae: Origins of their Palaeobiodiversity and Highlights in History of Preservation. In: HOOPER, J. N. A.; VAN SOEST, R. W. M. (Org.). **Systema Porifera**: a Guide to the Classification of Sponges. New York: Kluwer Academic/Plenum, 2002. p. 52-70.

RIBEIRO-COSTA, C. S.; ROCHA, R. M. **Invertebrados**: manual de aulas práticas. Ribeirão Preto: Holos, 2003.

RIDLEY, M. **Evolução** 3. ed. Porto Alegre: Artmed, 2006.

SADAVA, D. et al. **Vida**: a ciência da biologia. Porto Alegre: Artmed, 2009. v. 1. Célula e hereditariedade.

SANTOS, V. S. dos. Conceito biológico de espécie. **Brasil Escola**. Disponível em: <https://brasilescola.uol.com.br/biologia/conceito-biologico-especie.htm>. Acesso em: 13 abr. 2021.

SATOH, N.; ROKHSAR, D.; NISHIKAWA, T. Chordate Evolution and the Three-Phylum System. **Proceedings of the Royal Society B: Biological Sciences**, v. 7, n. 281, 2014.

SCHEELE, B. C. et al. Amphibian Fungal Panzootic Causes Catastrophic and Ongoing Loss of Biodiversity. **Science**, v. 363, n. 6434, p. 1459-1463, 2019.

SIMPSON, G. G. **Principles of Animal Taxonomy**. New York: Columbia University Press, 1961.

SMITH, S. A. et al. Resolving the Evolutionary Relationships of Molluscs with Phylogenomic Tools. **Nature**, v. 480, p. 364-369, 2011.

SOEST, R. W. M. van; KEMPEN, T. M. G. van; BRAEKMAN, J. C. **Sponges in Time and Space**: Biology, Chemistry, Paleontology. Rotterdam: Balkema, 1994.

TANNER, A. R. **A Phylogenomic Equiry into Metazoan Macroevolutionary Dynamics**. 273 p. PhD thesis. University or Bristol School of Biological Sciences, 2018.

TAYLOR, J. D. **Origin and Evolutionary Radiation of Mollusca**. Oxford: Oxford University Press, 1996.

TRAJANO, E. Tópico 7: Mammalia. In: **Vida e meio ambiente**: diversidade e evolução de vertebrados. São Paulo, USP. p. 188-224. Disponível em: <https://www.euquerobiologia.com.br/site/wp-content/uploads/2016/01/7-Mammalia.pdf>. Acesso em: 7 fev. 2021.

TRAVASSOS, L. Nematoda. In: TRAVASSOS, L. **Introdução ao estudo da helmintologia**. Rio de Janeiro: Revista Brasileira de Zoologia, 1950. p. 32-82.

TRIPLEHORN, C. A.; JOHNSON, N. H. **Borror and Delong's Introduction to the Study of Insects**. Belmont: Thompson Brooks/Cole, 2005.

VINTHER, J. et al. Ancestral Morphology of Crown-Group Molluscs Revealed by New Ordovician Stem Aculiferan. **Nature**, v. 542, n. 7642, p. 471-474, 2017.

WHITTAKER, R. H. New Concepts of Kingdoms of Organisms. **Science**, v. 163, n. 3863, p. 150-160, 1969.

WIKELSKI, M.; THOM, C. Marine Iguanas Shrink to Survive El Niño. **Nature**, v. 403, n. 6, p. 37-38, 2000.

WILEY, E. O. **Phylogenetics**: Theory and Practice of Phylogenetic Systematics. Hoboken, NJ: John Wiley & Sons, 1981.

WILLIAMSON, D. I. Larval Morphology and Diversity. In: ABELE, L. G. (Ed.). **The Biology of Crustacea**. New York: Academic Press, 1982. p. 43-110. v 2: Embryology, Morphology and Genetics.

WILSON, T. A.; REEDER, D. M. **Mammal Species of the World**: a Taxonomic and Geographic Reference. 3. ed. Baltimore: John Hopkins University Press, 2005.

WÖRHEIDE, G. et al. Deep Phylogeny and Evolution of Sponges (Phylum Porifera). **Advances in Marine Biology**, v. 61, p. 1-78, 2012.

XU, X. et al. An *Archaeopteryx*-like Theropod from China and the Origin of Avialae. **Nature**, v. 475, p. 465-470, 2011.

BIBLIOGRAFIA COMENTADA

ALBERTS, B. et al. **Biologia molecular da célula**. 4. ed. Porto Alegre: Artmed, 2004.
    O livro trata de diversos aspectos da célula sob os pontos de vista bioquímico e molecular e da terapia gênica, além de apresentar diversas citações relativas às características dos animais.

BENEDITO, E. (Org.). **Biologia e ecologia dos vertebrados**. Rio de Janeiro: Guanabara Koogan, 2015.
    Esse livro reúne ensaios de 25 zoólogos com o intuito de preencher uma lacuna importante no ensino de zoologia de vertebrados no Brasil. Para tanto, a obra expõe temas como sistemática filogenética e morfologia geral e funcional dos distintos grupos de vertebrados, em um contexto de história natural, ecologia e conservação.

CARLSON, B. M. **Embriologia humana e biologia do desenvolvimento**. 5. ed. Rio de Janeiro: GEN/Guanabara Koogan, 2014.
    Embora tenha enfoque maior na espécie humana, esse livro oferece conteúdo conciso, porém fundamentado, sobre biologia do desenvolvimento. Também apresenta belíssimas imagens.

CARWARDINE, M. **Extreme Nature**: the Weirdest Animals and Plantas on the Planet. Washington: Smithsonian, 2008.
    Esse livro reúne exemplos de diversas espécies animais e vegetais com as respectivas características, além de fotografias incríveis sobre as mais variadas e curiosas formas de vida.

CHAMARY, J. V. **50 ideias de biologia que você precisa conhecer**. São Paulo: Planeta do Brasil, 2019.

Essa obra trata de diversos temas e conceitos fundamentais e interessantes da biologia. O autor aborda as ideias em quatro seções: genes, células, corpos e populações, divididas em capítulos individualizados.

CULLEN JR., L.; RUDRAN, R.; VALLADARES-PADUA, C. (Org.). **Métodos de estudo em biologia da conservação e manejo da vida silvestre**. Curitiba: Ed. da UFPR, 2012.

Esse livro reúne diversos conceitos e metodologias referentes à biologia da conservação, relacionando-os também a aspectos socioambientais.

DIAMOND, J. **Armas, germes e aço**: os destinos das sociedades humanas. Rio de Janeiro: Record, 2018.

Nesse *best-seller*, o autor mostra uma série de relatos sobre a evolução dos povos e sobre os motivos da ascensão e da permanência dos europeus em todo o planeta. Entre esses motivos, os "germes", ou seja, as doenças causadas por microrganismos, foram cruciais na história da colonização europeia.

FERNANDEZ, F. **O poema imperfeito**: crônicas de biologia, conservação da natureza e seus heróis. Curitiba: Ed. da UFPR, 2004.

Nessa obra, o autor apresenta reflexões sobre o papel do homem nas extinções pré-históricas e sobre os cientistas ao longo da história, os quais trata comumente como heróis.

GILBERT, S. F.; BARRESI, M. J. F. **Biologia do desenvolvimento**. 11. ed. Porto Alegre: Artmed, 2019.

Clássico na área de biologia do desenvolvimento, o livro trata detalhadamente do desenvolvimento embrionário e pós-embrionário nos diferentes grupos animais.

HICKMAN JR., C. P. et al. **Princípios integrados de zoologia**. 16. ed. Rio de Janeiro: Guanabara Koogan, 2017.

O livro é um ótimo texto-base para a introdução à zoologia, tanto pela exploração da diversidade da vida animal quanto pelas explanações sobre adaptações morfológicas dos grupos. Emprega linguagem acessível e boa didática.

HILDEBRAND, M.; GOSLOW, G. **Análise da estrutura dos vertebrados**. 2. ed. São Paulo: Atheneu, 2006.

Essa obra aborda os grupos de vertebrados dos pontos de vista morfofuncional e evolutivo.

HUETTNER, A. F. **Fundamentals of Comparative Embryology of the Vertebrates**. New York: MacMillan, 1941.

Nesse livro, o autor relaciona a biologia do desenvolvimento de vertebrados com aspectos de anatomia comparada desses grupos.

IHERING, R. von. **Dicionário dos animais do Brasil**. São Paulo: Difel, 2002.

Esse dicionário é composto de inúmeros verbetes sobre as mais variadas espécies de animais da fauna brasileira, além de conter explicações sobre costumes e lendas que dizem respeito aos animais de cada região do Brasil. É uma obra acessada por biólogos e ambientalistas e também por todos que se interessem pela vida animal e pela cultura popular em geral.

JARDIM, J. G.; NASCIMENTO, R. S. S. **Reprodução da vida**. 2. ed. Natal: EDUFRN, 2011. Disponível em: <http://bibliotecadigital. sedis.ufrn.br/pdf/biologia/LIVRO_Rep_Vida_WEB.pdf>. Acesso em: 13 abr. 2021.

Em um formato didático para a educação a distância, os autores estruturam os capítulos em aspectos reprodutivos dos diversos grupos de seres vivos, incluindo animais invertebrados e vertebrados.

LOPES, S.; ROSSO, S. **Bio**. 3. ed. São Paulo: Saraiva, 2013. Volume único.

Esse é um livro-texto voltado principalmente para estudantes do ensino médio, mas que serve também como uma introdução a diversas discussões de assuntos biológicos. Aborda, ainda, os temas da ecologia, da conservação animal e da zoologia.

POUGH, F. H.; JANIS, C. M.; HEISER, J. B. **A vida dos vertebrados**. 4. ed. São Paulo: Atheneu, 2008.

Essa obra pode ser considerada o principal texto-base para o estudo dos animais vertebrados. Emprega linguagem acessível, boa didática e ótimas imagens.

RIBEIRO-COSTA, C. S.; ROCHA, R. M. **Invertebrados**: manual de aulas práticas. Ribeirão Preto: Holos, 2003.

Nesse manual, há diversas imagens com detalhes das estruturas dos principais animais invertebrados. Trata-se de excelente material para o estudo da morfologia externa e da anatomia interna dos grupos.

SADAVA, D. et al. **Vida**: a ciência da biologia. Porto Alegre: Artmed, 2009. v. 1: Célula e hereditariedade.

Nesse livro, os autores tratam de maneira simples e didática de diversos assuntos centrais da biologia, incluindo o estudo dos animais.

WILSON, T. A.; REEDER, D. M. **Mammal Species of the World**: a Taxonomic and Geographic Reference. 3. ed. Baltimore: John Hopkins University Press, 2005.

Nessa obra, os renomados pesquisadores/autores listam as espécies de mamíferos viventes e recém-extintos, com base em diversas publicações e entidades científicas, como sociedades, museus e instituições de ensino.

ANEXO

Quadro A – Períodos e eras geológicas

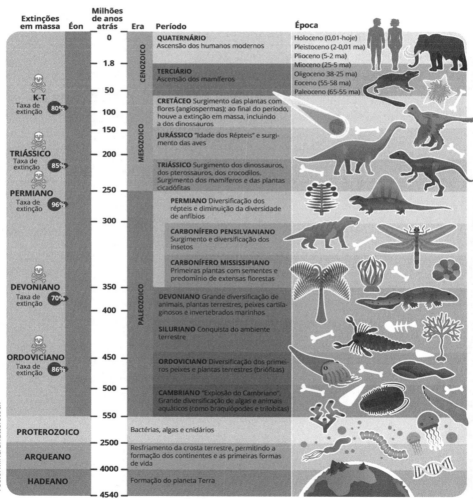

RESPOSTAS

CAPÍTULO 1

Atividades de autoavaliação

1. d
2. b
3. e
4. c
5. c

CAPÍTULO 2

Atividades de autoavaliação

1. b
2. e
3. d
4. e
5. a

CAPÍTULO 3

Atividades de autoavaliação

1. c
2. e
3. b
4. c
5. a

CAPÍTULO 4

Atividades de autoavaliação

1. d
2. b
3. a
4. c
5. a

CAPÍTULO 5

Atividades de autoavaliação

1. e
2. a
3. d
4. c
5. b

CAPÍTULO 6

Atividades de autoavaliação

1. e
2. a
3. e
4. c
5. b

SOBRE A AUTORA

Pollyana Patricio-Costa é doutora em Zoologia pela Universidade Federal do Paraná (UFPR), com atuação em macroecologia e evolução morfológica. É mestre em Ciências Biológicas, com ênfase em Zoologia, pela UFPR, atuando em genética da conservação. É graduada em Ciências Biológicas (licenciatura e bacharelado), também pela UFPR. Atualmente, é graduanda de bacharelado em Museologia pela Universidade Estadual do Paraná (Unespar), com foco em museus de história natural e de zoologia. Entre 2011 e 2012, trabalhou como pesquisadora visitante em diversas coleções científicas, como as do Museu de Zoologia da Universidade de São Paulo, do Museo Nacional de Las Ciencias Naturales (Argentina), do Museo de La Plata (Argentina), do American Museum of Natural History (Estados Unidos), do Field Museum of Natural History (Estados Unidos) e do Natural Museum of Natural History do Smithsonian Institution (Estados Unidos). Entre 2011 e 2015, foi revisora da revista científica *Mastozoología Neotropical*. É sócia da Sociedade Brasileira para o Estudo em Quirópteros e da Sociedade Brasileira de Mastozoologia. Atua como professora no ensino médio e superior e como consultora ambiental da área de fauna, com ênfase em morcegos, desde 2009, participando de diversos trabalhos de campo de genética, inventariamento e monitoramento da quiropterofauna. É deslumbrada pela natureza e pela arte.

Impressão
Junho/2021